《物理光学导论》习题与解答

姜　曼　姜宗福　孙　全
编　著

国防科技大学出版社
·长沙·

图书在版编目（CIP）数据

《物理光学导论》习题与解答 / 姜曼，姜宗福，孙全编著. -- 长沙：国防科技大学出版社，2025. 1. -- ISBN 978-7-5673-0663-9

Ⅰ. O436-44

中国国家版本馆 CIP 数据核字第 2024OBB576 号

《物理光学导论》习题与解答

《WULI GUANGXUE DAOLUN》XITI YU JIEDA

姜　曼　姜宗福　孙　全　编著

责任编辑：杨　琴
责任校对：王颖娟
出版发行：国防科技大学出版社　　地　　址：长沙市开福区德雅路109号
邮政编码：410073　　电　　话：（0731）87028022
印　　制：国防科技大学印刷厂　　开　　本：850×1168　1/32
印　　张：8.25　　字　　数：178千字
版　　次：2025年1月第1版　　印　　次：2025年1月第1次
书　　号：ISBN 978-7-5673-0663-9
定　　价：36.00元

内容简介

本书在对《物理光学导论（第三版）》（姜宗福、姜曼、刘文广编著）各章节总结、归纳的基础上，对书中所包含的习题作了详细解答。本书作为《物理光学导论（第三版）》配套的学习参考教材，希望能为高等院校光电信息科学与工程、光学工程等专业的本科学生更好理解、掌握物理光学基础理论，解决现代光学与光子学中的实际问题提供帮助。同时，可以作为相关专业研究生入学考试复习的参考书。

前言

光学和光子学在前沿科学（深空探测、微观结构探测等）和相关应用领域（光纤光学到光通信、数据存储到全息、精密制造到集成光电子等）发挥着越来越重要的作用。这些应用都与光的电磁波传输特性、光的干涉、光的衍射、光的偏振、光的时间空间相干性等物理光学相关的基础理论关联密切。为了使光电信息科学与工程、光学工程、精密测量工程等专业的学生能够更好地理解物理光学的基本概念，掌握基础理论，同时激发学生熟练应用这些基础理论为光学应用中的实际问题寻找解决的方法，我们在十几年物理光学教学的基础上，吸收了国内外教材中的典型习题，编写了这本辅助教材。

本书对原著《物理光学导论（第三版)》（姜宗福、姜曼、刘文广编著）各章节进行了总结、归纳，使学生可以更快地了解物理光学的重要内容，熟悉与之相关的基本概念，掌握解决问题的关键公式。书中的习题详细解答与讨论，可以帮助学生更好地理解物理光学的基本概念，掌握基础理论，激发学生熟练应用这些基础理论解决实际问题的创新思维。

本书包含七章内容：光的电磁波特性，光波介质界面的反射与折射，光的干涉与相干性，光的衍射理论基础，透镜相位变换与傅里叶光学，偏振双折射与光电器件，光的吸收、色散和散射。可以用作光电信息科学与工程、光学工程、精密测量工程等专业光学或物理光学课程学习的辅助教材，也可以作为相关专业研究生入学考试的复习参考书。

由于作者水平有限，书中问题的解答与讨论不一定是最佳，不妥、疏漏之处在所难免，敬请读者批评指正。

作 者

2024 年 10 月

目　录

第 1 章 光的电磁波特性

基本理论与公式

1.1 电磁波与光波

（1）电磁场的麦克斯韦方程

在各向同性、线性非传导介质中，相对介电常数 ε 和相对磁导率 μ 为常量。当不存在自由电荷和传导电流时，变化的电场产生磁场，变化的磁场产生电场，电磁场这种变化关系满足麦克斯韦方程组

$$\nabla \cdot \boldsymbol{D} = \varepsilon\varepsilon_0 \nabla \cdot \boldsymbol{E} = 0 \tag{1.1}$$

$$\nabla \cdot \boldsymbol{B} = \mu\mu_0 \nabla \cdot \boldsymbol{H} = 0 \tag{1.2}$$

$$\nabla \times \boldsymbol{E} = -\frac{\partial \boldsymbol{B}}{\partial t} = -\mu\mu_0 \frac{\partial \boldsymbol{H}}{\partial t} \tag{1.3}$$

$$\nabla \times \boldsymbol{H} = \frac{\partial \boldsymbol{D}}{\partial t} = \varepsilon\varepsilon_0 \frac{\partial \boldsymbol{E}}{\partial t} \tag{1.4}$$

其中，$\nabla = \frac{\partial}{\partial x}\hat{\boldsymbol{i}} + \frac{\partial}{\partial y}\hat{\boldsymbol{j}} + \frac{\partial}{\partial z}\hat{\boldsymbol{k}}$ 为哈密顿算符，$\hat{\boldsymbol{i}}$、$\hat{\boldsymbol{j}}$ 和 $\hat{\boldsymbol{k}}$ 为直角坐标

系 x、y、z 方向上的单位矢量。式（1.1）~（1.4）中各物理量的意义与单位如表 1.1 所示，它们满足物质方程

$$\begin{cases}\boldsymbol{D}=\varepsilon_0\boldsymbol{E}+\boldsymbol{P}=\varepsilon_0\boldsymbol{E}+\chi\varepsilon_0\boldsymbol{E}=\varepsilon_0\varepsilon\boldsymbol{E}\\ \boldsymbol{B}=\mu_0\mu\boldsymbol{H}\end{cases}\tag{1.5}$$

表 1.1　麦克斯韦方程中相关物理量的定义与单位（SI 单位制）

量符号	定义	单位
$\boldsymbol{E}$	电场强度矢量	C/m^2
$\boldsymbol{D}$	电位移矢量	V/m
$\boldsymbol{H}$	磁场矢量（磁感应强度矢量）	A/m
$\boldsymbol{B}$	磁矢量	T
ε_0	真空介电常数	F/m
ε	相对介电常数	无量纲
μ_0	真空磁导率	T · m/A
μ	相对磁导率	无量纲

真空中 $\boldsymbol{D}=\varepsilon_0\boldsymbol{E}$、$\boldsymbol{B}=\mu_0\boldsymbol{H}$，$\varepsilon_0$ 和 μ_0 的大小分别为

$$\begin{cases}\varepsilon_0=8.854\times10^{-12}\ \text{F/m}\\ \mu_0=4\pi\times10^{-7}\ \text{T}\cdot\text{m/A}\\ \varepsilon=1\\ \mu=1\end{cases}\tag{1.6}$$

（2）电磁场的波动方程与光波

在各向同性、线性非传导介质中，相对介电常数 ε 和相对磁导率 μ 为常量。从麦克斯韦方程组得到电场和磁场的波动

方程

$$\nabla^2 \boldsymbol{E} - \frac{1}{v^2}\frac{\partial^2 \boldsymbol{E}}{\partial t^2} = 0 \tag{1.7}$$

$$\nabla^2 \boldsymbol{B} - \frac{1}{v^2}\frac{\partial^2 \boldsymbol{B}}{\partial t^2} = 0 \tag{1.8}$$

式中：$v = \dfrac{1}{\sqrt{\varepsilon_0 \varepsilon \mu_0 \mu}}$；$\nabla^2$ 为拉普拉斯（Laplacian）算符，在直角坐标系、球坐标系和柱坐标系下表示为

$$\begin{aligned}\nabla^2 &= \frac{\partial^2}{\partial x^2} + \frac{\partial^2}{\partial y^2} + \frac{\partial^2}{\partial z^2} \\ &= \frac{1}{r^2}\frac{\partial}{\partial r}\left(r^2 \frac{\partial}{\partial r}\right) + \frac{1}{r^2 \sin\theta}\frac{\partial}{\partial \theta}\left(\sin\theta \frac{\partial}{\partial \theta}\right) + \frac{1}{r^2 \sin^2\theta}\frac{\partial^2}{\partial \varphi^2} \\ &= \frac{1}{r}\frac{\partial}{\partial r}\left(r \frac{\partial}{\partial r}\right) + \frac{1}{r^2}\frac{\partial^2}{\partial \theta^2} + \frac{\partial^2}{\partial z^2}\end{aligned}$$

真空中的光速为

$$c = \frac{1}{\sqrt{\varepsilon_0 \mu_0}} \approx 3 \times 10^8 \text{ m/s}$$

进一步，光波在介质中传输的折射率定义为

$$n = \frac{c}{v} = \sqrt{\varepsilon \mu}$$

1.2　平面波与球面波

（1）波动方程的平面波解

在自由空间中，电磁场波动方程式（1.7）的最简单解是平面波解，即电磁场的矢量平面波函数形式为

$$\begin{cases}\boldsymbol{E}=\boldsymbol{E}_0\cos(\boldsymbol{k}\cdot\boldsymbol{r}-\omega t)\\ \boldsymbol{B}=\boldsymbol{B}_0\cos(\boldsymbol{k}\cdot\boldsymbol{r}-\omega t)\end{cases}\tag{1.9}$$

式中，$\boldsymbol{E}_0$ 和 $\boldsymbol{B}_0$ 为常矢量，$\boldsymbol{r}$ 为空间某一点的位置矢量，$\boldsymbol{k}\cdot\boldsymbol{r}-\omega t$ 表示平面波的相位，$\boldsymbol{k}\cdot\boldsymbol{r}$ 和 ωt 分别表示空间相位和时间相位。平面波的等相位面是垂直波矢量的平面，如图 1.1（a）所示。$\boldsymbol{k}$ 为波的传播方向矢量，称为波矢量，其大小称为波数。

$$k=|\boldsymbol{k}|=\sqrt{k_x^2+k_y^2+k_z^2}=\frac{2\pi}{\lambda}\tag{1.10}$$

式中：λ 为波的空间周期（波长）；ω 是时间角频率，与频率 f 的关系为 $\omega=2\pi f$。其中，波速、频率、波数和波长满足

$$\begin{cases}k=\dfrac{\omega}{v}=\dfrac{n\omega}{c}\\ \lambda=\dfrac{2\pi}{k}=\dfrac{2\pi c}{n\omega}=\dfrac{c}{nf}=\dfrac{\lambda_0}{n}\\ \lambda_0=\dfrac{c}{f}\\ v=\lambda f\end{cases}\tag{1.11}$$

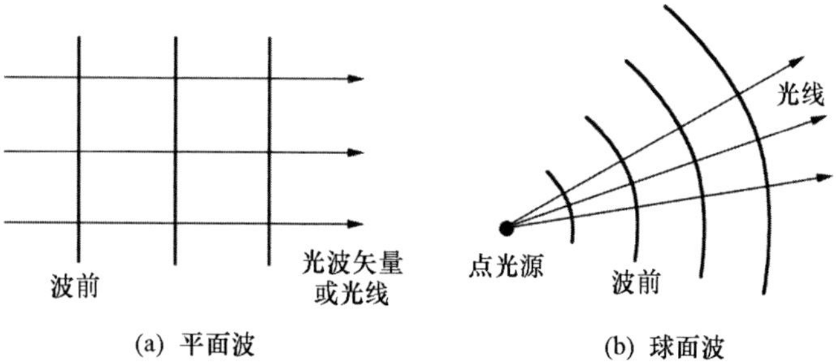

图 1.1　平面波与球面波等相位面及光线

（2）球面波

点光源产生的光波为球面波（简谐球面波），在球坐标系下，得到球面波解

$$U(r,\ t)=\frac{a}{r}\cos(\pm kr-\omega t+\phi_0) \tag{1.12}$$

式中正、负号分别表示发散和汇聚球面波，余弦函数中各参数的物理意义与平面波的相同。球面波的等相位面是球面，如图 1.1（b）所示。

（3）复振幅

平面波的复振幅

$$\tilde{U}(\boldsymbol{r})=A\mathrm{e}^{\mathrm{i}\boldsymbol{k}\cdot\boldsymbol{r}}=A\mathrm{e}^{\mathrm{i}(k_x x+k_y y+k_z z)}=A\mathrm{e}^{\mathrm{i}k(\cos\alpha x+\cos\beta y+\cos\gamma z)}$$

球面波的复振幅

$$\tilde{U}(r)=\frac{a}{r}\mathrm{e}^{\pm\mathrm{i}kr}=\frac{a}{\sqrt{x^2+y^2+z^2}}\mathrm{e}^{\pm\mathrm{i}k\sqrt{x^2+y^2+z^2}}$$

1.3　平面光波与辐射强度

（1）光波的横波特性

电场矢量、磁场矢量和波矢量的方向相互正交，三者构成右手正交关系。电磁波具有横波性，即光波是横波，电场和磁场矢量处在传输方向的垂直平面上，如图 1.2 所示。电场和磁场的大小满足

$$E_0=\frac{c}{\sqrt{\varepsilon}}B_0 \quad 或 \quad E_0=\sqrt{\frac{\mu_0}{\varepsilon_0}}\frac{1}{\sqrt{\varepsilon}}H_0 \tag{1.13}$$

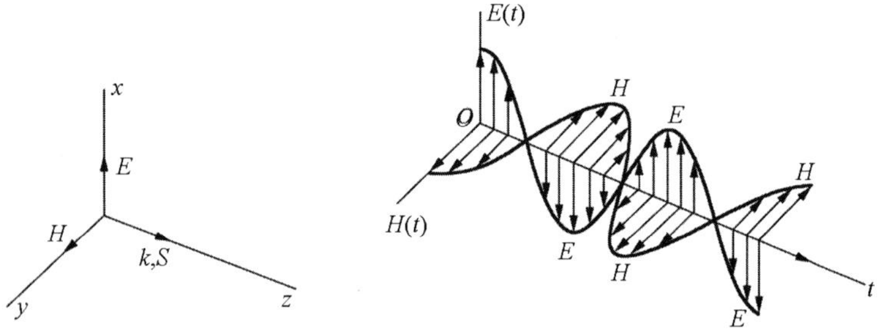

图 1.2　电磁场矢量与波矢构成右手正交关系

（2）光波的能量密度、能流密度与辐射强度

在电磁波存在的空间内，单位体积内的辐射能量为电磁场能量密度。电磁波的能量密度为电场能量密度与磁场能量密度之和。

$$w = w_E + w_B = \frac{\varepsilon_0}{2}E^2 + \frac{\mu_0}{2}H^2 \tag{1.14}$$

在真空中，$E = \sqrt{\frac{\mu_0}{\varepsilon_0}}H$，有 $w_E = w_H$，式（1.14）可表示为

$$w = \varepsilon_0 E^2 = \mu_0 H^2 \tag{1.15}$$

单位时间、单位面积流过的电磁场能量称为能流密度 $\boldsymbol{S}$。能流密度的传播方向与电磁场传播方向（波矢方向）相同，能流密度又称为坡印亭矢量（Poynting vector）。

$$\boldsymbol{S} = \boldsymbol{E} \times \boldsymbol{H} \quad 或 \quad \boldsymbol{S} = c^2 \varepsilon_0 \boldsymbol{E} \times \boldsymbol{B} \tag{1.16}$$

利用 $E = cB$，坡印亭矢量还可表示为

$$\boldsymbol{S} = c\varepsilon_0 E^2 \hat{\boldsymbol{k}} = cw\hat{\boldsymbol{k}} \tag{1.17}$$

式中，$\hat{\boldsymbol{k}}$ 为波矢量的单位矢量。式（1.17）表明能流密度的大

小为光波的传播速度乘以能量密度，传播方向沿波矢方向。平面波的能流密度为

$$\boldsymbol{S}=\boldsymbol{E}\times\boldsymbol{H}=\boldsymbol{E}_0\times\boldsymbol{H}_0\cos^2(\boldsymbol{k}\cdot\boldsymbol{r}-\omega t) \tag{1.18}$$

实际应用中，单位面积内的辐射强度 I 定义为坡印亭矢量在一定时间（这一时间包含足够多的光波振动周期）τ 内的平均值

$$I=\langle|\boldsymbol{S}|\rangle_\tau \tag{1.19}$$

将式（1.17）代入式（1.19）得

$$I=\langle|\boldsymbol{S}|\rangle_\tau=c\varepsilon_0E_0^2\langle\cos^2(\boldsymbol{k}\cdot\boldsymbol{r}-\omega t)\rangle_\tau=\frac{c\varepsilon_0}{2}E_0^2 \tag{1.20}$$

式（1.20）为真空中辐射强度。

在各向同性均匀线性的介质中，辐射强度（光强）为

$$I=\frac{\varepsilon\varepsilon_0 v}{2}E_0^2 \tag{1.21}$$

在光学中所涉及的介质的相对磁导率满足 $\mu\approx1$，这时辐射强度表示为

$$I=\frac{1}{2}\sqrt{\frac{\varepsilon_0}{\mu_0}}\sqrt{\varepsilon}E_0^2=\frac{1}{2}\sqrt{\frac{\varepsilon_0}{\mu_0}}nE_0^2 \tag{1.22}$$

在只关注相对光强的情况下，光强可以简单表述为

$$I=nE_0^2 \tag{1.23}$$

1.4　电磁波谱与光子

（1）光量子

根据电磁波波长或频率，将电磁波分为无线电波、微波、红外光、可见光、紫外光、X 射线和伽马射线等。根据光量子

理论，光具有的能量是量子化的，每一光子的能量 E 为

$$E = hf$$

式中，h 为普朗克常数。

可见光波段（visible radiation）的波长范围为 0.4 ~ 0.7 μm，光子能量为 1 ~ 3 eV。

（2）光压

光束被物体反射或吸收时，其光子束的动量将传给物体，产生的光辐射压力称为光压。当该光束被物体反射时，产生的光压为

$$P = \frac{I}{hf}\left(2\frac{h}{\lambda}\right) = \frac{2I}{c}$$

当光束被物体完全吸收时，光压为

$$P = \frac{I}{hf}\left(\frac{h}{\lambda}\right) = \frac{I}{c}$$

习 题

1. 用麦克斯韦方程组，推导各向同性且电荷密度和传导电流密度为零的介质中磁场满足的波动方程。

2. 麦克斯韦在获得描述电磁场变化关系的方程组后，是根据什么预言光波是电磁波的？赫兹当时的实验直接证明光波是电

磁波了吗？最终人们是如何通过麦克斯韦电磁场理论和赫兹实验，确信光波是电磁波的？

3. 验证平面波 $\boldsymbol{E}=\boldsymbol{E}_0\cos(\boldsymbol{k}\cdot\boldsymbol{r}-\omega t+\varphi_{E0})$ 满足电磁场的波动方程的条件是 $k^2=\frac{\omega^2}{v^2}$ 或 $k=\frac{\omega}{v}$。

4. 假设在自由空间沿 z 轴方向传输的平面波，其电场矢量为 $\boldsymbol{E}=\hat{\boldsymbol{i}}\times 5\times\cos(2\pi\times 10^7 z-\omega t)$（V/m）。求：

（1）电磁波的波长与频率；

（2）磁场函数和光强（辐射强度）。

5. 已知平面光波电场的三个分量为 $E_x=E_z=0$，$E_y=2\cos\left[2\pi\times 10^{14}\left(\frac{z}{c}-t\right)+\frac{\pi}{2}\right]$。求：

（1）该电磁波的频率、波长、振幅和初相位；

（2）波的传播方向和电矢量的振动方向；

（3）相应的磁场 $\boldsymbol{B}$ 的表达式。

6. 介质的折射率 n 乘以介质的几何厚度 d 定义为光程 $\Delta L=nd$。请分别计算光在真空和玻璃（$n=1.5$）中传播 1 m 的几何距离时的光程，以及传播所用的时间。

7. 利用真空中的麦克斯韦方程组和平面波表达式（1.9）证明：

（1）$\varphi_{E0}=\varphi_{B0}$；

（2）$\boldsymbol{k}\times\boldsymbol{E}=\omega\boldsymbol{B}$，　$\boldsymbol{k}\times\boldsymbol{B}=-\omega\varepsilon\varepsilon_0\mu\mu_0\boldsymbol{E}$；

（3）$\boldsymbol{k}\cdot\boldsymbol{E}=0$，　$\boldsymbol{k}\cdot\boldsymbol{B}=0$。

8. 在各向同性介质中，相对介电常数和相对磁导率分别为 ε 和 μ，证明介质中平面光波的电磁场的能量密度 $w=\frac{\varepsilon_0\varepsilon}{2}E^2+\frac{1}{2\mu_0\mu}B^2=\varepsilon_0\varepsilon E_0^2\cos^2(\boldsymbol{k}\cdot\boldsymbol{r}-\omega t)$，并证明光强公式 $I=\frac{\varepsilon\varepsilon_0 v}{2}E_0^2$。

9. 设一脉冲激光最大的输出功率为 10^7 W，假设激光强度均匀分布。

（1）若激光光束直径为 10 cm，求最大电场和磁场振幅；

（2）若将激光聚焦为 10 μm 的光斑，求此时的最大电场和磁场振幅。

10. 在晴朗天气条件下，假设在长沙市地面可以接收一个太阳常数的辐照强度。试计算此条件下太阳光在地面产生的电场强度。太阳常数约为 1 367 $\mathrm{W/m^2}$。

11. 将平面电磁波函数用复数形式表示 $\boldsymbol{E}=\boldsymbol{E}_0\mathrm{e}^{\mathrm{i}(\boldsymbol{k}\cdot\boldsymbol{r}-\omega t)}$，$\boldsymbol{B}=\boldsymbol{B}_0\mathrm{e}^{\mathrm{i}(\boldsymbol{k}\cdot\boldsymbol{r}-\omega t)}$，有算符 $\nabla=i\boldsymbol{k}$，$\frac{\partial}{\partial t}=-\mathrm{i}\omega$ 成立，验证题 7 的结果成立。

12. 一列平面波，传播方向平行于 xz 平面，与 z 轴夹角为 θ，如下图所示。求：

（1）该平面波的波矢量；

（2）波函数复振幅表达式；

（3）该平面波在 $z=0$ 平面上的复振幅和相位分布函数。

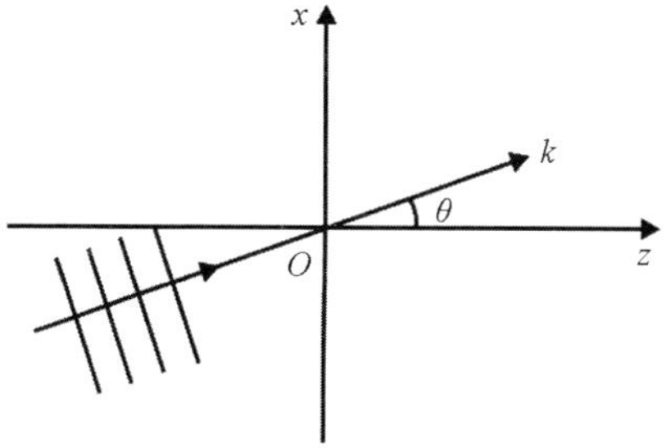

13. 已知一平面波波函数为 $U(x, y, z, t) = Ae^{i\left(\frac{\sqrt{3}}{2}kx + \frac{1}{2}ky - \omega t\right)}$，给出该平面波的传播方向。

14. 电磁场波动方程每一个分量满足的波动方程表示为标量方程形式 $\nabla^2 U - \frac{1}{v^2}\frac{\partial^2 U}{\partial t^2} = 0$。给出球坐标下该波动方程的表达式。如果空间满足球对称条件，求波动方程的一般解。

15. 点光源位于坐标点（x_0，0，z_0）位置处，如下图所示。给出该点光源的波函数复振幅表达式。

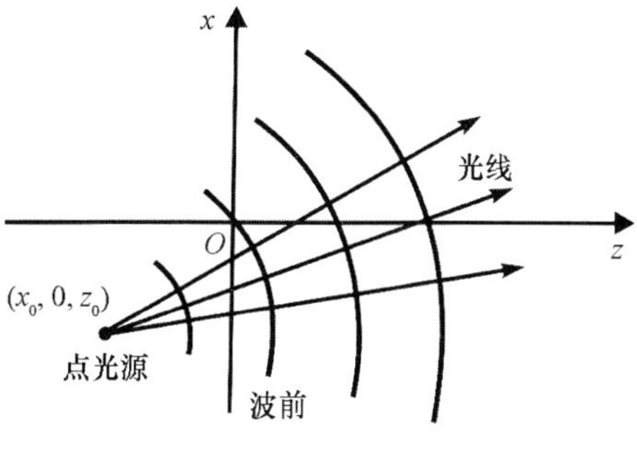

16. 计算发射功率为 5 W 的黄色 LED 灯每秒发射的光子数。设黄色 LED 灯的波长为 590 nm。

17. 光束直径为 2 mm、功率为 100 W 的激光束正入射到介质表面，设介质对光吸收 40%、反射 60%，求激光对该介质的作用力。

18. 设一单色光波的功率为 2.0 mW，求当该电磁辐射波长为如下两种波长时，对应的光子通量：

（1）红外光波长 10 μm；

（2）伽马射线波长 0.1 nm。

19. 不同波段的电磁波具有不同的应用，请补充列举《物理光学导论（第三版）》图 1.13 中电磁波谱不同频谱段的应用实例。

解答

1. **解：** 介质中麦克斯韦方程组

$$\begin{cases} \nabla \times \boldsymbol{H} = \boldsymbol{J} + \dfrac{\partial \boldsymbol{D}}{\partial t} \\ \nabla \times \boldsymbol{E} = -\dfrac{\partial \boldsymbol{B}}{\partial t} \end{cases}$$

由题目给出的条件，$\boldsymbol{J}=0$，有

$$\nabla\times\boldsymbol{H}=\frac{\partial\boldsymbol{D}}{\partial t}$$

对上式两边取旋度：

$$\nabla\times\nabla\times\boldsymbol{H}=\nabla\times\frac{\partial\boldsymbol{D}}{\partial t}$$

由矢量恒等式$\nabla^2\boldsymbol{A}=\nabla\nabla\cdot\boldsymbol{A}-\nabla\times\nabla\times\boldsymbol{A}$，上式可得

$$\nabla\nabla\cdot\boldsymbol{H}-\nabla^2\boldsymbol{H}=\frac{\partial}{\partial \mathrm{t}}\ (\nabla\times\boldsymbol{D})$$

将$\nabla\cdot\boldsymbol{H}=0$，$\nabla\times\boldsymbol{D}=-\varepsilon\frac{\partial\boldsymbol{B}}{\partial t}$，$\boldsymbol{B}=\mu\boldsymbol{H}$代入，可得

$$\nabla^2\boldsymbol{H}-\mu\varepsilon\frac{\partial^2\boldsymbol{H}}{\partial t^2}=0$$，得证。

同理可得电场满足的波动方程为

$$\nabla^2\boldsymbol{E}-\mu\varepsilon\frac{\partial^2\boldsymbol{E}}{\partial \mathrm{t}^2}=0$$

2. **解：** 麦克斯韦利用他获得的电场和磁场间相互关联的方程（麦克斯韦方程）得到电场的空间和时间的二阶偏微分方程

$$\nabla^2\boldsymbol{E}-\frac{1}{c^2}\frac{\partial^2\boldsymbol{E}}{\partial t^2}=0$$

式中 $c=\dfrac{1}{\sqrt{\varepsilon_0\mu_0}}$。该方程形式与当时经典力学已知的弹性波动方程

$$\nabla^2 U-\frac{1}{v^2}\frac{\partial^2 U}{\partial t^2}=0$$

一致。因此，麦克斯韦认识到该方程描述的是一种新的

波——电磁波，并且根据当时已知的介电常数，计算得到真空中的波速

$$c = \frac{1}{\sqrt{\varepsilon_0 \mu_0}} \approx 3 \times 10^8 \text{ m/s}$$

与 1849 年 Fizeau 测量得到的光速 3.153×10^8 m/s 非常接近。据此，麦克斯韦预言光是电磁波，同时他还指出热辐射也是电磁波。

赫兹首先通过实验，证明电磁波的存在，并且在实验中通过电磁波反射叠加驻波法测量得到了电场波的传播速度，该速度与通过电磁场波动方程计算的速度接近。同时，实验确认了电磁波具有干涉、偏振等行为，与当时人们已知的光波的特性相同。由此，在实验上间接证明了光波也是电磁波。

3. **解：** 平面波 $\boldsymbol{E} = \boldsymbol{E}_0 \cos(\boldsymbol{k} \cdot \boldsymbol{r} - \omega t + \varphi_{E0})$，代入电磁场波动方程

$$\nabla^2 \boldsymbol{E} - \frac{1}{v^2} \frac{\partial^2 \boldsymbol{E}}{\partial t^2} = 0$$

有

$$\nabla^2 [\boldsymbol{E}_0 \cos(\boldsymbol{k} \cdot \boldsymbol{r} - \omega t)] - \frac{1}{v^2} \frac{\partial^2 [\boldsymbol{E}_0 \cos(\boldsymbol{k} \cdot \boldsymbol{r} - \omega t)]}{\partial t^2} = 0$$

$$\boldsymbol{E}_0 \left(\frac{\partial^2}{\partial x^2} + \frac{\partial^2}{\partial y^2} + \frac{\partial^2}{\partial z^2} \right) \cos(k_x x + k_y y + k_z z - \omega t) -$$

$$\frac{\boldsymbol{E}_0}{v^2} \frac{\partial^2 \cos(\boldsymbol{k} \cdot \boldsymbol{r} - \omega t)}{\partial t^2} = 0$$

$$-\boldsymbol{E}_0\ (k_x^2+k_y^2+k_z^2)\cos(k_x x+k_y y+k_z z-\omega t)\ +$$

$$\frac{\boldsymbol{E}_0}{v^2}\omega^2\cos(k_x x+k_y y+k_z z-\omega t)\ =0$$

得到

$$k^2-\frac{\omega^2}{v^2}=0$$

式中 $k=|\boldsymbol{k}|=\sqrt{k_x^2+k_y^2+k_z^2}$，则 $k^2=\frac{\omega^2}{v^2}$，

k 满足 $k=\frac{\omega}{v}$，得证。

4. **解：**（1）电磁波波长 $\lambda=\frac{2\pi}{k}=\frac{2\pi}{2\pi\times10^7}\ \text{m}=10^{-7}\ \text{m}$

角频率 $\omega=kv=kc=2\pi\times10^7\times3\times10^8\ \text{rad/s}=6\pi\times10^{15}\ \text{rad/s}$

（2）磁场为

$$\boldsymbol{B}=\frac{\hat{\boldsymbol{k}}}{v}\times\boldsymbol{E}=\frac{\hat{\boldsymbol{k}}}{v}\times\hat{\boldsymbol{i}}\times5\times\cos(2\pi\times10^7 z-\omega t)$$

$$\approx1.67\times10^{-8}\times\hat{\boldsymbol{j}}\times\cos(2\pi\times10^7 z-\omega t)$$

该电磁场辐射强度：

$$I=\frac{c\varepsilon_0}{2}E_0^2=\frac{3\times10^8\times8.85\times10^{-12}}{2}\times5^2\ \text{W/m}^2\approx0.03\ \text{W/m}^2$$

5. **解：**将平面波电场式

$$E_y=2\cos\left[2\pi\times10^{14}\left(\frac{z}{c}-t\right)+\frac{\pi}{2}\right]$$

与平面波的一般表达式

$$\boldsymbol{E}=\boldsymbol{E}_0\cos(kz-\omega t+\varphi_0)\quad=\boldsymbol{E}_0\cos\left[2\pi\nu\left(\frac{1}{c}z-t\right)+\varphi_0\right]$$

比较可知：

(1) 该电磁波的频率为：

$$\nu=10^{14}\ \text{Hz}$$

波长为：

$$\lambda=\frac{c}{\nu}=\frac{3\times10^8}{10^{14}}\times10^{-6}\ \mu\text{m}=3\ \mu\text{m}$$

振幅为：

$$A=2\ \text{V/m}$$

初相位为：

$$\varphi_0=\frac{\pi}{2}$$

(2) 沿 z 轴正向传输，由 $E_x=E_z=0$ 可知，该平面波为电矢量沿 y 轴的线偏振。

(3) 由于波矢只有 z 方向分量，电场只有 y 方向分量，求得磁场为：

$$\boldsymbol{B}=\frac{1}{c}\left(\frac{\boldsymbol{k}}{k}\times\boldsymbol{E}\right)=\frac{1}{c}[\hat{\boldsymbol{k}}\times(2\hat{\boldsymbol{j}})]\cdot\cos\left[2\pi\times10^{14}\left(\frac{z}{c}-t\right)+\frac{\pi}{2}\right]$$

$$=-\frac{2}{c}\hat{\boldsymbol{i}}\cos\left[2\pi\times10^{14}\left(\frac{z}{c}-t\right)+\frac{\pi}{2}\right]$$

其分量形式为：

$$B_x=-\frac{2}{c}\cos\left[2\pi\times10^{14}\left(\frac{z}{c}-t\right)+\frac{\pi}{2}\right]$$

6. **解**：真空中 $n=1$，光在其中传播 1 m 的几何距离时的光程为

$$\Delta L = nd = 1 \times 1\ \text{m} = 1\ \text{m}$$

传播所用时间为

$$t = \frac{L}{c} = \frac{1}{3 \times 10^8}\ \text{s} \approx 3.3 \times 10^{-9}\ \text{s}$$

玻璃中 $n = 1.5$，光在其中传播 1 m 的几何距离时的光程为

$$\Delta L = nd = 1.5 \times 1\ \text{m} = 1.5\ \text{m}$$

传播所用时间为

$$t = \frac{d}{v} = \frac{d}{c/n} = \frac{nd}{c} = \frac{1.5 \times 1}{3 \times 10^8}\ \text{s} = 5 \times 10^{-9}\ \text{s}$$

7. **解**：(1) 电磁场的矢量平面波函数形式为：

$$\begin{cases} \boldsymbol{E} = \boldsymbol{E}_0 \cos(\boldsymbol{k} \cdot \boldsymbol{r} - \omega t + \varphi_{E0}) \\ \boldsymbol{B} = \boldsymbol{B}_0 \cos(\boldsymbol{k} \cdot \boldsymbol{r} - \omega t + \varphi_{B0}) \end{cases}$$

将上式代入麦克斯韦方程组中式：

$$\nabla \times \boldsymbol{E} = -\frac{\partial \boldsymbol{B}}{\partial t}$$

得：

$$(\nabla \times \boldsymbol{E})_x = \frac{\partial E_z}{\partial y} - \frac{\partial E_y}{\partial z}$$

$$= \frac{\partial[E_{0z}\cos(\boldsymbol{k} \cdot \boldsymbol{r} - \omega t + \varphi_{E0})]}{\partial y} - \frac{\partial[E_{0y}\cos(\boldsymbol{k} \cdot \boldsymbol{r} - \omega t + \varphi_{E0})]}{\partial z}$$

$$= -(k_y E_{0z} - k_z E_{0y})\sin(\boldsymbol{k} \cdot \boldsymbol{r} - \omega t + \varphi_{E0})$$

$$= -(\boldsymbol{k} \times \boldsymbol{E}_0)_x \sin(\boldsymbol{k} \cdot \boldsymbol{r} - \omega t + \varphi_{E0})$$

又有

$$\left(\frac{\partial \boldsymbol{B}}{\partial t}\right)_x = (\omega \boldsymbol{B}_0)_x \sin(\boldsymbol{k}\cdot\boldsymbol{r}-\omega t+\varphi_{B0})$$

由上两式得：

$(\boldsymbol{k}\times\boldsymbol{E}_0)\sin(\boldsymbol{k}\cdot\boldsymbol{r}-\omega t+\varphi_{E0})=(\omega\boldsymbol{B}_0)\sin(\boldsymbol{k}\cdot\boldsymbol{r}-\omega t+\varphi_{B0})$

由于 $\boldsymbol{k}\times\boldsymbol{E}_0$ 和 $\omega\boldsymbol{B}_0$ 为常量，为了使上式成立，必有：

$$\varphi_{E0}=\varphi_{B0}$$

（2）由以上结论有：

$$\boldsymbol{k}\times\boldsymbol{E}_0=\omega\boldsymbol{B}_0$$

$\Rightarrow \boldsymbol{k}\times[\boldsymbol{E}_0\cos(\boldsymbol{k}\cdot\boldsymbol{r}-\omega t+\varphi_{E0})]=\omega[\boldsymbol{B}_0\cos(\boldsymbol{k}\cdot\boldsymbol{r}-\omega t+\varphi_{B0})]$

$\Rightarrow \boldsymbol{k}\times\boldsymbol{E}=\omega\boldsymbol{B}$

同理，利用

$$\nabla\times\boldsymbol{B}=\varepsilon_0\varepsilon\mu_0\mu\frac{\partial \boldsymbol{E}}{\partial t}$$

有：

$$\boldsymbol{k}\times\boldsymbol{B}=-\omega\varepsilon\varepsilon_0\mu\mu_0\boldsymbol{E}$$

（3）对 $\boldsymbol{k}\times\boldsymbol{B}=\omega\boldsymbol{B}$ 和上式点乘矢量 $\boldsymbol{k}$，有

$$\boldsymbol{k}\cdot\boldsymbol{E}=0,\quad \boldsymbol{k}\cdot\boldsymbol{B}=0$$

上式表明，电场矢量、磁场矢量和波矢量的方向相互正交。因此，这三者构成右手正交矢量系统，并且有 $\varphi_{E0}=\varphi_{B0}=\varphi_0$，$|\boldsymbol{E}|=c|\boldsymbol{B}|$，得证。

8. **解：** 由麦克斯韦方程和物质方程可得电磁场的能量密度，此时电磁场满足物质方程

$$\begin{cases}\boldsymbol{B}=\mu_0\mu\boldsymbol{H}\\ \boldsymbol{D}=\varepsilon_0\varepsilon\boldsymbol{E}\end{cases}$$

又有电磁场能量密度的一般表达式：

$$\begin{cases} w_E = \dfrac{1}{2}\boldsymbol{E} \cdot \boldsymbol{D} = \dfrac{\varepsilon_0 \varepsilon}{2} E^2 \\ w_B = \dfrac{1}{2}\boldsymbol{H} \cdot \boldsymbol{B} = \dfrac{1}{2\mu_0\mu} B^2 \end{cases}$$

因此，电磁场能量密度为

$$w = w_E + w_B = \frac{\varepsilon_0 \varepsilon}{2} E^2 + \frac{1}{2\mu_0\mu} B^2$$

又

$$E = vB = \frac{1}{\sqrt{\varepsilon_0 \mu_0 \varepsilon \mu}} B$$

有

$$w_E = w_B$$

并将 $E = E_0 \cos(\boldsymbol{k} \cdot \boldsymbol{r} - \omega t)$ 代入，得

$$w = \frac{\varepsilon_0 \varepsilon}{2} E^2 + \frac{1}{2\mu_0\mu} B^2 = \varepsilon_0 \varepsilon E^2 = \varepsilon_0 \varepsilon E_0^2 \cos^2(\boldsymbol{k} \cdot \boldsymbol{r} - \omega t)$$

在各向同性介质中，能量密度矢量为

$$\boldsymbol{S} = \frac{1}{\mu_0 \mu_r} \boldsymbol{E} \times \boldsymbol{B} = v^2 \varepsilon_0 \varepsilon \boldsymbol{E} \times \boldsymbol{B}$$

由光强的定义有：

$$I = \langle |\boldsymbol{S}| \rangle_\tau = v^2 \varepsilon_0 \varepsilon |\boldsymbol{E}_0 \times \boldsymbol{B}_0| \langle \cos^2(\boldsymbol{k} \cdot \boldsymbol{r} - \omega t + \varphi_0) \rangle_\tau$$

又测量时间 $\tau \gg T$，则

$$\langle \cos^2(\boldsymbol{k} \cdot \boldsymbol{r} - \omega t + \varphi_0) \rangle_\tau = \frac{1}{2}$$

得 $I = \langle S \rangle_\tau = \langle |\boldsymbol{S}| \rangle_\tau = \dfrac{\varepsilon_0 \varepsilon v}{2} E_0^2$，得证。

9. **解：**（1）激光光束的功率密度即为光强

$$I=\frac{w}{\pi\times 0.05^{2}}=1.27\times 10^{9}\ \mathrm{W/m^{2}}$$

由真空中光强公式 $I=\frac{\varepsilon_0 c}{2}E_0^2$，电场振幅和磁场振幅分别为

$$E=\left(\frac{2I}{\varepsilon_0 c}\right)^{1/2}=\left(\frac{2\times 1.27\times 10^{9}}{8.85\times 10^{-12}\times 3\times 10^{8}}\right)^{1/2}\ \mathrm{V/m}$$

$$\approx 9.8\times 10^{5}\ \mathrm{V/m}$$

$$B=\frac{E}{c}=\frac{9.8\times 10^{5}}{3\times 10^{8}}\ \mathrm{T}\approx 3.3\times 10^{-3}\ \mathrm{T}$$

（2）当光斑直径为 10 μm 时，该激光光束的光强或功率密度为

$$I=\frac{w}{\pi\times\ (0.05\ \mathrm{m})^{2}\times 10^{-8}}\approx 1.27\times 10^{17}\ \mathrm{W/m^{2}}$$

电场振幅和磁场振幅分别为

$$E=\left(\frac{2I}{\varepsilon_0 c}\right)^{1/2}=\left(\frac{2\times 1.27\times 10^{17}}{8.85\times 10^{-12}\times 3\times 10^{8}}\right)^{1/2}\ \mathrm{V/m}$$

$$\approx 9.8\times 10^{9}\ \mathrm{V/m}$$

$$B=\frac{E}{c}=\frac{9.8\times 10^{9}}{3\times 10^{8}}\ \mathrm{T}\approx 33\ \mathrm{T}$$

10. **解：**该条件下电场强度为

$$E=\left(\frac{2I}{\varepsilon_0 c}\right)^{1/2}=\left(\frac{2\times 1\ 367}{8.85\times 10^{-12}\times 3\times 10^{8}}\right)^{1/2}\ \mathrm{V/m}$$

$$\approx 1.01\times 10^{3}\ \mathrm{V/m}$$

11. **解：** 由$\nabla\times\boldsymbol{E}=-\frac{\partial\boldsymbol{B}}{\partial t}$，有

$$\nabla\times[\boldsymbol{E}_0\mathrm{e}^{\mathrm{i}(\boldsymbol{k}\cdot\boldsymbol{r}-\omega t)}]=-\frac{\partial[\boldsymbol{B}_0\mathrm{e}^{\mathrm{i}(\boldsymbol{k}\cdot\boldsymbol{r}-\omega t)}]}{\partial t}$$

$$\Rightarrow\nabla[\mathrm{e}^{\mathrm{i}(\boldsymbol{k}\cdot\boldsymbol{r}-\omega t)}]\times\boldsymbol{E}_0=-\frac{\boldsymbol{B}_0\partial[\mathrm{e}^{\mathrm{i}(\boldsymbol{k}\cdot\boldsymbol{r}-\omega t)}]}{\partial t}$$

$$\Rightarrow[\mathrm{i}\boldsymbol{k}\mathrm{e}^{\mathrm{i}(\boldsymbol{k}\cdot\boldsymbol{r}-\omega t)}]\times\boldsymbol{E}_0=[\mathrm{i}\omega\mathrm{e}^{\mathrm{i}(\boldsymbol{k}\cdot\boldsymbol{r}-\omega t)}]\boldsymbol{B}_0$$

$$\Rightarrow\boldsymbol{k}\times\boldsymbol{E}=\omega\boldsymbol{B}$$

同理，利用$\nabla\times\boldsymbol{B}=\varepsilon_0\varepsilon\mu\mu_0\frac{\partial\boldsymbol{E}}{\partial t}$，得到

$$\boldsymbol{k}\times\boldsymbol{B}=-\omega\varepsilon\varepsilon_0\mu\mu_0\boldsymbol{E}$$

成立。

验证了题 7 结果。

12. **解：**（1）该平面波矢量为

$$\boldsymbol{k}=\hat{\boldsymbol{i}}k\sin\theta+\hat{\boldsymbol{k}}k\cos\theta$$

（2）平面波的复振幅为

$$\widetilde{U}(x,\ y,\ z)=A\mathrm{e}^{\mathrm{i}(k\sin\theta x+k\cos\theta z)}$$

（3）令 $z=0$，得到复振幅为

$$\widetilde{U}(x,\ y,\ 0)=A\mathrm{e}^{\mathrm{i}k\sin\theta x}$$

其相位分布为

$$\varphi(x,\ y,\ 0)=kx\sin\theta$$

13. **解：** 由波函数表达式可知平面波波矢三个分量分别为

$$\begin{cases} k_x = \dfrac{\sqrt{3}}{2}k \\ k_y = \dfrac{1}{2}k \\ k_z = 0 \end{cases}$$

又由$\dfrac{k_y}{k_x} = \dfrac{1}{\sqrt{3}}$，可知该平面波矢量平行于 xy 平面，且与 x 轴夹角为 30°。

14. **解**：球坐标下拉普拉斯算符为

$$\nabla^2 = \frac{1}{r^2}\frac{\partial}{\partial r}\left(r^2\frac{\partial}{\partial r}\right) + \frac{1}{r^2\sin\theta}\frac{\partial}{\partial\theta}\left(\sin\theta\frac{\partial}{\partial\theta}\right) + \frac{1}{r^2\sin^2\theta}\frac{\partial^2}{\partial\varphi^2}$$

波动方程为：

$$\left[\frac{1}{r^2}\frac{\partial}{\partial r}\left(r^2\frac{\partial}{\partial r}\right) + \frac{1}{r^2\sin\theta}\frac{\partial}{\partial\theta}\left(\sin\theta\frac{\partial}{\partial\theta}\right) + \frac{1}{r^2\sin^2\theta}\frac{\partial^2}{\partial\varphi^2}\right]U - \frac{1}{v^2}\frac{\partial^2 U}{\partial t^2} = 0$$

在球对称条件下，波函数只是空间位置变量 r 的函数，即 $U(r, \theta, \varphi, t) = U(r, t)$

由此，波动方程简化为：

$$\frac{1}{r^2}\frac{\partial}{\partial r}\left(r^2\frac{\partial}{\partial r}\right)U(r, t) - \frac{1}{v^2}\frac{\partial^2 U(r, t)}{\partial t^2} = 0$$

方程两边同时乘以 r，并利用

$$\frac{1}{r}\frac{\partial}{\partial r}\left(r^2\frac{\partial}{\partial r}\right)U = r\frac{\partial^2 U}{\partial r^2} + 2\frac{\partial U}{\partial r} = \frac{\partial^2(rU)}{\partial r^2}$$

波动方程化为

$$\frac{\partial^2[rU(r, t)]}{\partial r^2} - \frac{1}{v^2}\frac{\partial^2[rU(r, t)]}{\partial t^2} = 0$$

上述波动方程的一个特解即为球面波解：

$$U(r,\ t)\ =\frac{a}{r}\cos(kr-\omega t)$$

15. **解**：该点光源传播为发散球面波，其复振幅表达式为：

$$\tilde{U}(p)\ =\frac{a}{r}e^{ikr}=\frac{a}{\sqrt{(x-x_0)^2+y^2+(z-z_0)^2}}e^{ik\sqrt{(x-x_0)^2+y^2+(z-z_0)^2}}$$

16. **解**：波长为 590 nm 光波的光子能量为：

$$E=hf=\frac{hc}{\lambda}=\frac{4.136\times10^{-15}\ (\text{eV}\cdot\text{s})\ \times2.998\times10^{8}\ \text{m/s}}{590\times10^{-9}\ \text{m}}\approx2.1\ \text{eV}$$

根据功率的定义，即单位时间辐射的能量，又

$$1\ \text{eV}=1.602\times10^{-19}\ \text{J}$$

因此对应的光子通量为：

$$N=\frac{w}{E}=\frac{5}{1.602\times10^{-19}\times2.1}\ \text{s}^{-1}\approx1.486\times10^{19}\ \text{s}^{-1}$$

即每秒发射光子约 1.486×10^{19}个。

17. **解**：首先求该激光束的光强：

$$I=\frac{w}{A}=\frac{100}{\pi\times1\times10^{-6}}\ \text{W/m}^2\approx31.83\times10^{6}\ \text{W/m}^2$$

由光压公式得到：

$$P=60\%\ \times\frac{2I}{c}+40\%\ \times\frac{I}{c}=0.17\ \text{Pa}$$

作用力：

$$F=P\times A=0.17\times\ (\pi\times1\times10^{-6})\ \text{N}\approx5.3\times10^{-7}\ \text{N}$$

18. **解：** 由光子能量公式 $E=hf=\dfrac{hc}{\lambda}$，这两种波长条件下的光子能量分别为：

$$E_1=\frac{hc}{\lambda}=\frac{4.136\times10^{-15}\ \text{eV}\cdot\text{s}\times2.998\times10^{8}\ \text{m/s}}{10^{-5}\ \text{m}}\approx0.124\ \text{eV}$$

$$E_2=\frac{hc}{\lambda}=\frac{4.136\times10^{-15}\ \text{eV}\cdot\text{s}\times2.998\times10^{8}\ \text{m/s}}{10^{-10}\ \text{m}}\approx1.24\times10^{4}\ \text{eV}$$

由此可见，伽马射线的光子能量比红外光的光子能量大得多。

对应的光子通量分别为：

$$N_1=\frac{w}{E_1}=\frac{2\times10^{-3}\ \text{J/s}}{1.602\times10^{-19}\ \text{J/eV}\times0.124\ \text{eV}}\approx1.007\times10^{17}\ \text{s}^{-1}$$

$$N_2=\frac{w}{E_2}=\frac{2\times10^{-3}\ \text{J/s}}{1.602\times10^{-19}\ \text{J/eV}\times1.24\times10^{4}\ \text{eV}}\approx1\times10^{12}\ \text{s}^{-1}$$

19. **解：** 雷达谱区：广泛应用于无线电技术，包括微波通信、广播（AM、FM）和电视信号。

红外区：红外热像仪探测器，包括探矿藏、监控、硅片检测等。

可见区：照明、摄影等。

紫外区：医用消毒、防伪等。

X 射线：医用透视等。

γ 射线：工业探伤、医用治疗等。

第 2 章 光波介质界面的反射与折射

基本理论与公式

2.1 介质界面光波反射与折射

单色平面光波通过不同折射率的介质交界面时，产生反射波和折射波（图 2.1），入射光、反射光和折射光的波函数分别为

$$\begin{cases} \boldsymbol{E}_1(\boldsymbol{r},t)=\tilde{\boldsymbol{E}}_{10}e^{i(\boldsymbol{k}_1\cdot\boldsymbol{r}-\omega_1 t)}, & \tilde{\boldsymbol{E}}_{10}=\boldsymbol{E}_{10}e^{i\varphi_{10}} \\ \boldsymbol{E}_1'(\boldsymbol{r},t)=\tilde{\boldsymbol{E}}_{10}'e^{i(\boldsymbol{k}_1\cdot\boldsymbol{r}-\omega_1' t)}, & \tilde{\boldsymbol{E}}_{10}'=\boldsymbol{E}_{10}'e^{i\varphi_{10}'} \\ \boldsymbol{E}_2(\boldsymbol{r},t)=\tilde{\boldsymbol{E}}_{20}e^{i(\boldsymbol{k}_2\cdot\boldsymbol{r}-\omega_2 t)}, & \tilde{\boldsymbol{E}}_{20}=\boldsymbol{E}_{20}e^{i\varphi_{20}} \end{cases} \tag{2.1}$$

式中，$\boldsymbol{E}_{10}$、$\boldsymbol{E}_{10}'$、$\boldsymbol{E}_{20}$分别是入射波、反射波、折射波的振幅，$\boldsymbol{k}_1$、$\boldsymbol{k}_1'$、$\boldsymbol{k}_2$ 分别是它们的波矢，ω_1、ω_1'、ω_2 分别是它们的频率。

根据电磁场的边界条件，在光学介质（$\mu\approx1$）交接的边界

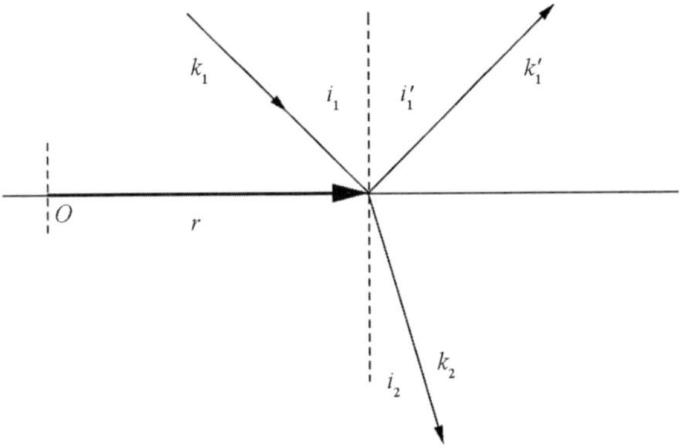

图 2.1　光的反射和折射

上，入射光、反射光和折射光的波函数是时间和空间坐标的恒等函数，可以证明有

$$\omega_1 = \omega_1' = \omega_2 \tag{2.2}$$

$$\boldsymbol{k}_1 \cdot \boldsymbol{r} = \boldsymbol{k}_1' \cdot \boldsymbol{r} = \boldsymbol{k}_2 \cdot \boldsymbol{r} \tag{2.3}$$

三个波矢 $\boldsymbol{k}_1$、$\boldsymbol{k}_1{}'$、$\boldsymbol{k}_2$ 在同一平面内，这个平面定义为入射面。同时，可以得到反射定律和折射定律分别为

$$\sin i_1 = \sin i_1' \quad 或 \quad i_1 = i_1' \tag{2.4}$$

$$n_1 \sin i_1 = n_2 \sin i_2 \tag{2.5}$$

这两个定律描述了入射光、反射光与折射光的波矢方向所满足的关系。

2.2　菲涅耳公式

在如图 2.2 所示的坐标系中，假设光的入射面为 xy 平面，

z 轴垂直于入射面。假设入射光为线偏振光，任一入射线偏振光振幅矢量 $\boldsymbol{E}_{10}$，分解为垂直于入射面的分量 E_{1s} 和平行入射面的分量 E_{1p}，分别称为 s 光和 p 光。同样反射波振幅 $\boldsymbol{E}'_{10}$ 分解为垂直入射面的分量 E'_{1s} 和平行入射面的分量 E'_{1p}；折射波振幅 $\boldsymbol{E}_{20}$ 分解为垂直入射面的分量 E_{2s} 和平行入射面的分量 E_{2p}，如图 2.3 所示。

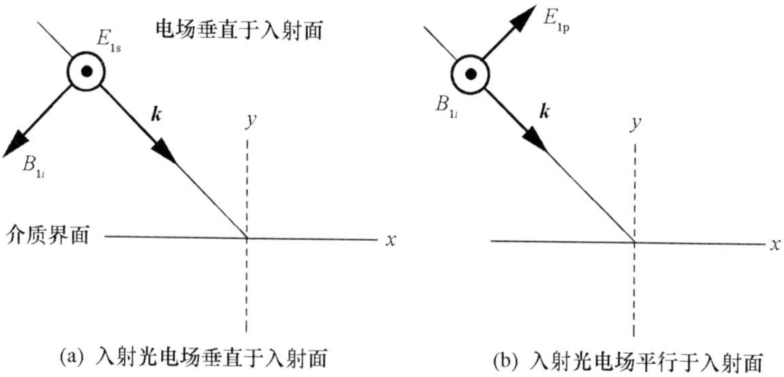

图 2.2　入射光线的振幅分解为垂直和平行 xy 平面的振动分量

应用介质界面电磁场的边界条件和反射、折射定律，s 光分量和 p 光分量的入射光、反射光和折射光的复振幅满足如下菲涅耳公式

$$\tilde{r}_s = \frac{\tilde{E}'_{1s}}{\tilde{E}_{1s}} = \frac{n_1 \cos i_1 - n_2 \cos i_2}{n_1 \cos i_1 + n_2 \cos i_2} = \frac{\sin(i_2 - i_1)}{\sin(i_1 + i_2)} \tag{2.6}$$

$$\tilde{t}_s = \frac{\tilde{E}_{2s}}{\tilde{E}_{1s}} = \frac{2n_1 \cos i_1}{n_1 \cos i_1 + n_2 \cos i_2} = \frac{2\cos i_1 \sin i_2}{\sin(i_1 + i_2)} \tag{2.7}$$

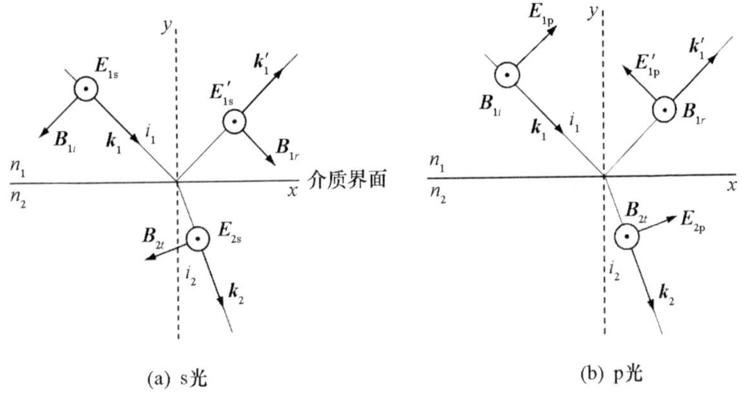

图 2.3　s 光和 p 光入射、反射和折射光波三个矢量 $\boldsymbol{E}$、$\boldsymbol{B}$、$\boldsymbol{k}$ 的方向关系

$$\tilde{r}_{\mathrm{p}}=\frac{\tilde{E}'_{1\mathrm{p}}}{\tilde{E}_{1\mathrm{p}}}=\frac{n_2\cos i_1-n_1\cos i_2}{n_2\cos i_1+n_1\cos i_2}=\frac{\tan\ (i_1-i_2)}{\tan\ (i_1+i_2)} \tag{2.8}$$

$$\tilde{t}_{\mathrm{p}}=\frac{\tilde{E}_{2\mathrm{p}}}{\tilde{E}_{1\mathrm{p}}}=\frac{2n_1\cos i_1}{n_2\cos i_1+n_1\cos i_2} \tag{2.9}$$

2.3　介质界面光强的反射率和透射率

根据相对光强公式 $I=E^2=nE_0^2$，从复振幅反射率和透射率公式可求得光在介质界面的光强反射率 R_{p}、R_{s} 和透射率 T_{p}、T_{s} 公式为

$$
\begin{cases}
R_s = \dfrac{I'_{1s}}{I_{1s}} = \dfrac{n_1(\tilde{E}'_{1s})^2}{n_1(\tilde{E}_{1s})^2} = r_s^2 = \left|\dfrac{n_1\cos i_1 - n_2\cos i_2}{n_1\cos i_1 + n_2\cos i_2}\right|^2 \\
T_s = \dfrac{I_{2s}}{I_{1s}} = \dfrac{n_2(\tilde{E}_{2s})^2}{n_1(\tilde{E}_{1s})^2} = \dfrac{n_2}{n_1}t_s^2 = \dfrac{n_2}{n_1}\left|\dfrac{2n_1\cos i_1}{n_1\cos i_1 + n_2\cos i_2}\right|^2 \\
R_p = \dfrac{I'_{1p}}{I_{1p}} = \dfrac{n_1(\tilde{E}'_{1p})^2}{n_1(\tilde{E}_{1p})^2} = r_p^2 = \left|\dfrac{n_2\cos i_1 - n_1\cos i_2}{n_2\cos i_1 + n_1\cos i_2}\right|^2 = \left|\dfrac{\tan(i_1 - i_2)}{\tan(i_1 + i_2)}\right|^2 \\
T_p = \dfrac{I_{2p}}{I_{1p}} = \dfrac{n_2(\tilde{E}'_{1p})^2}{n_1(\tilde{E}_{1p})^2} = \dfrac{n_2}{n_1}t_p^2 = \dfrac{n_2}{n_1}\left|\dfrac{2n_1\cos i_1}{n_2\cos i_1 + n_1\cos i_2}\right|^2
\end{cases}
\tag{2.10}
$$

式中，$r_s = |\tilde{r}_s|$，$r_p = |\tilde{r}_p|$，$t_s = |\tilde{t}_s|$，$t_p = |\tilde{t}_p|$。以空气（折射率 $n = 1.0$）和光学玻璃（折射率 $n = 1.5$）界面为例，计算光由空气入射到玻璃和由玻璃入射到空气时，介质界面的光强反射率和透射率随入射角的变化曲线，如图 2.4 所示。

从图 2.4 看到，光无论从空气入射到玻璃介质，还是从玻璃入射到空气介质，都表现出一个特殊入射角。当光以该入射角入射时，反射光的 p 分量为零，这个特殊入射角 i_B 称为布儒斯特角。布儒斯特角满足

$$
i_1 + i_2 = \frac{\pi}{2} \tag{2.11}
$$

根据折射定律，$n_1\sin i_1 = n_2\sin i_2$，给出布儒斯特角满足的公式

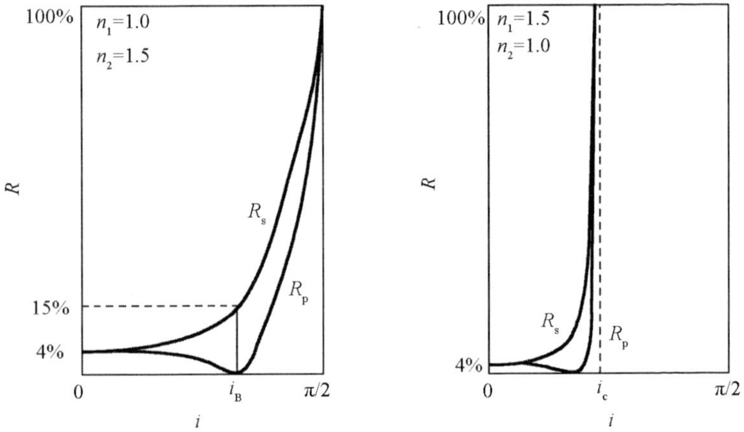

(a) 由空气入射到玻璃　　(b) 由玻璃入射到空气

图 2.4　空气/玻璃和玻璃/空气介质界面光强反射率随入射角的变化规律

$$\tan i_B = \frac{n_2}{n_1} \tag{2.12}$$

从图 2.4（b）看到，光从光密介质到光疏介质（$n_1 > n_2$），当入射角大于一定值时，光波的 s 分量和 p 分量的反射率均为 1，即光发生了全反射，全反射临界角 i_c 满足 $\sin i_2 = \frac{n_1}{n_2}\sin i_c = 1$，即

$$\sin i_c = \frac{n_2}{n_1} \tag{2.12}$$

当入射角 $i_1 > i_c$ 时，应用折射定律可将菲涅耳公式化为

$$\tilde{r}_p = \frac{n_2 \cos i_1 - \mathrm{i} n_1 \sqrt{\left(\frac{n_1}{n_2}\sin i_1\right)^2 - 1}}{n_2 \cos i_1 + \mathrm{i} n_1 \sqrt{\left(\frac{n_1}{n_2}\sin i_1\right)^2 - 1}} = \frac{a_1 - \mathrm{i} b_1}{a_1 + \mathrm{i} b_1} = \mathrm{e}^{\mathrm{i}\delta_p} \tag{2.13}$$

$$\tilde{r}_s = \frac{n_1 \cos i_1 - \mathrm{i} n_2 \sqrt{\left(\frac{n_1}{n_2}\sin i_1\right)^2 - 1}}{n_1 \cos i_1 + \mathrm{i} n_2 \sqrt{\left(\frac{n_1}{n_2}\sin i_1\right)^2 - 1}} = \frac{a_2 - \mathrm{i} b_2}{a_2 + \mathrm{i} b_2} = \mathrm{e}^{\mathrm{i}\delta_s} \quad (2.14)$$

上式表明，入射角大于 i_c 时，反射率为 1，入射光全部被反射，反射光相对入射光发生相位变化，相位变化量为

$$\begin{cases} \delta_p = -2\arctan\left(\dfrac{b_1}{a_1}\right) \\ \delta_s = -2\arctan\left(\dfrac{b_2}{a_2}\right) \end{cases} \quad (2.15)$$

其中，$a_1 = n_2 \cos i_1$，$b_1 = n_1 \sqrt{\left(\frac{n_1}{n_2}\sin i_1\right)^2 - 1}$，$a_2 = n_1 \cos i_1$，$b_2 = n_2 \sqrt{\left(\frac{n_1}{n_2}\sin i_1\right)^2 - 1}$。

本书中复振幅的定义与“实际相位超前为负”相反，因此实际相位变化量应该是上式取负。

$$\begin{cases} \delta_p = 2\arctan\left(\dfrac{b_1}{a_1}\right) \\ \delta_s = 2\arctan\left(\dfrac{b_2}{a_2}\right) \end{cases} \quad (2.16)$$

隐失波（Evanescent wave） 当入射角大于全反射临界角（如图 2.5 所示），$i_1 > i_c$ 时，折射光波函数为

$$\boldsymbol{E}_2(\boldsymbol{r}, t) = \tilde{E}_{20} \mathrm{e}^{-y\sqrt{\left(\frac{n_1}{n_2}\sin i_1\right)^2 - 1}} \mathrm{e}^{\mathrm{i}\left(k_2 \frac{n_1}{n_2}\sin i_1 \cdot x - \omega_2 t\right)} \quad (2.17)$$

上式右边第一个指数项沿 y 方向，即垂直入射表面方向，光波

迅速衰减。式（2.17）表示折射光是沿 x 方向传播、在 y 方向衰减的隐失波。隐失波的传播深度为波长量级。

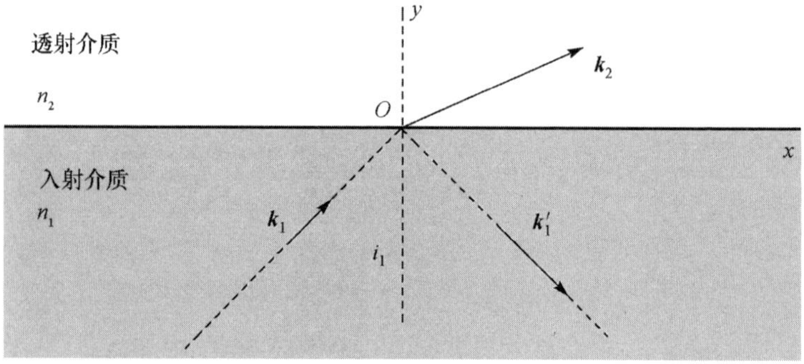

图 2.5　光从光密介质入射，入射角大于全反射临界角

2.4　界面反射光的相位变化

1. 反射光和折射光振幅随入射角的变化规律

光从光疏介质到光密介质界面时，s 偏振光和 p 偏振光的振幅反射率随入射角的变化规律如图 2.6（a）所示。光从光密介质到光疏介质界面时，s 偏振光和 p 偏振光的振幅反射率随入射角的变化规律如图 2.6（b）所示。当入射角小于全反射临界角时，反射率为实数；当入射角大于全反射临界角时反射率为虚数。图 2.7 给出了光从光疏介质到光密介质界面的振幅透射率随入射角的变化。

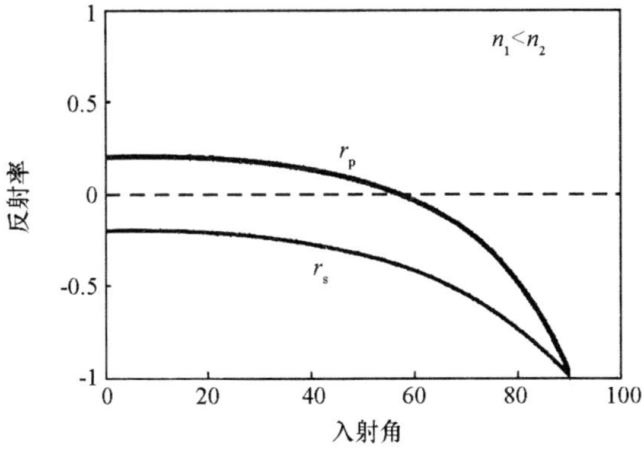

（a）光从光疏介质到光密介质

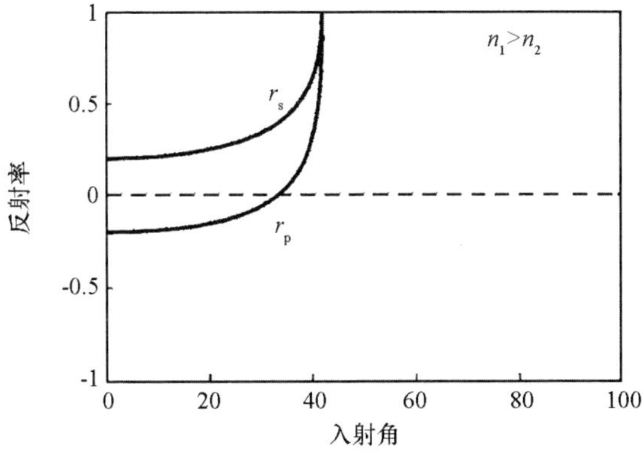

（b）光从光密介质到光疏介质

图 2.6　光在两种介质界面的振幅反射率随入射角的变化规律

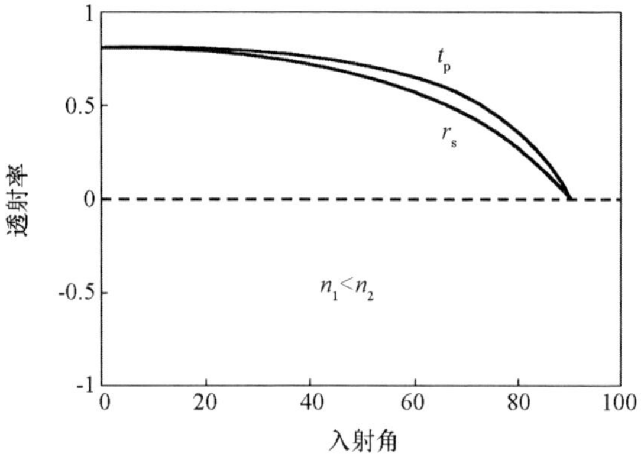

图 2.7 光从光疏介质到光密介质界面的振幅透射率随入射角的变化

2. 介质界面反射光与折射光相位变化

定义两光束同向传播或反向传播时，若它们的电场矢量振荡方向相反，则两束光的相位相差 π；若电场矢量振荡方向相同，则两束光的相位相同，相位差为 0，如图 2.8 所示。

在图 2.6 中，反射光反射率的正负号表示了反射光在反射表面处实际电场方向与定义方向的关系：如果为正，表示与定义方向一致，反之与定义方向相反。比如，当光从光疏介质到光密介质正入射（$n_1 < n_2$）时，其 s 偏振光和 p 偏振光反射和透射的坐标架如图 2.9（a）所定义。s 偏振光振幅反射率为负数，这意味着反射的 s 偏振光偏振矢量方向，与定义的反射 s 偏振光偏振方向相反；p 偏振光振幅反射率为正数，意味着反射 p 光偏振矢量与定义的方向相同。得到反射的 s 偏振光偏振矢量和 p 偏振光偏振矢量的实际方向如图 2.9（b）所示。s 偏

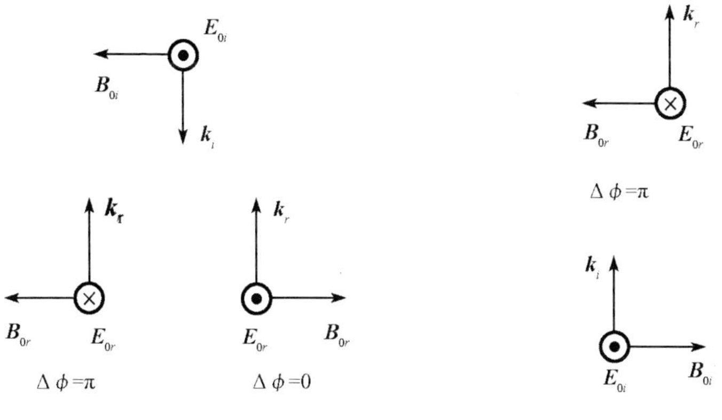

(a) 反射光　　(b) 折射光

图 2.8　介质界面反射光与折射光相位差定义示意图

振光和 p 偏振光相对入射光都发生了 π 的相位改变，称为 π 相位的突变，也称为半波损失。

从光疏介质到光密介质透射 s 偏振光和 p 偏振光的振幅透射率都大于零，即折射 s 偏振光和 p 偏振光偏振矢量与定义坐标架偏振矢量方向一致，如图 2.9 所示，分别与入射光的 s 分量和 p 分量方向相同，因此透射光没有产生相位改变。

对于一般的斜入射情形，在实际应用中有意义的是经薄膜上下表面反射光 1 和 2 之间的相位差，是否有相位 π 的突变，如图 2.10 所示。

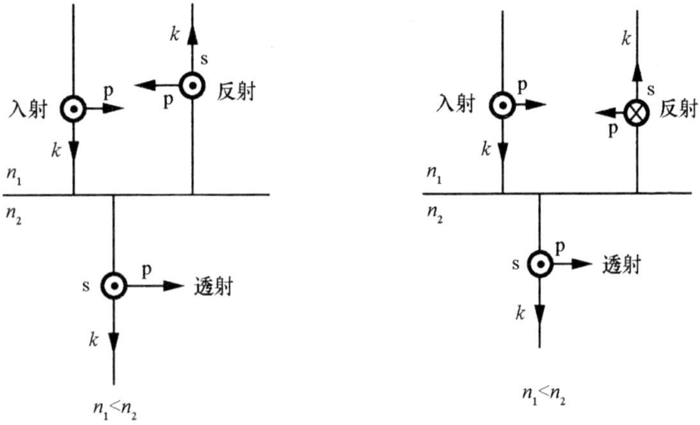

(a) 定义的偏振方向坐标架　　(b) 实际的偏振方向

图 2.9　光从光疏介质正入射光密介质，定义的入射光、反射光和透射光偏振矢量方向坐标架与反射光及透射光的实际偏振方向

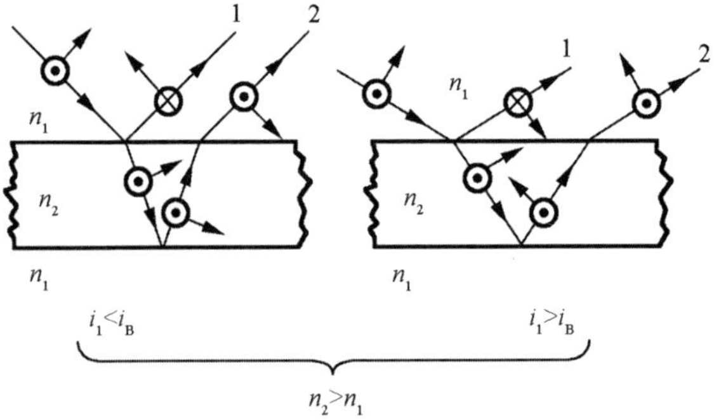

(a) 光从光疏介质斜入射光密介质

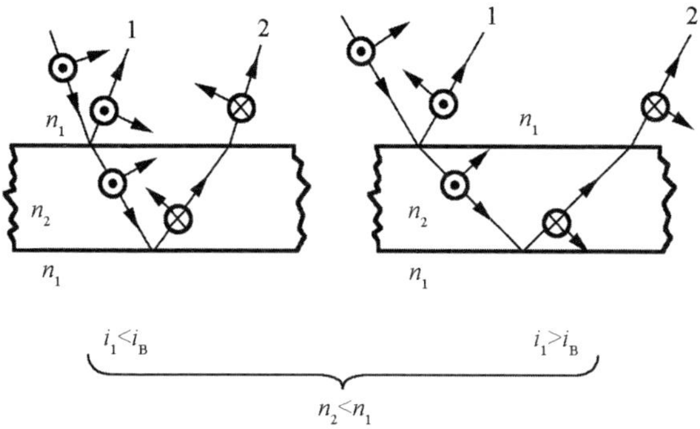

（b）光从光密介质斜入射光疏介质

图 2.10　入射角小于（或大于）布儒斯特角情况下，介质上下表面反射光的偏振方向示意图

一般结论如下：

（1）光疏介质到光密介质（$n_1 < n_2$），正入射和掠射时，反射光相对入射光产生 π 的相位差，即半波损失。

（2）光密介质到光疏介质（$n_1 > n_2$），正入射时，反射光没有相位突变；掠射时，反射光产生 π 的相位差。

（3）一般角度入射情况下，有意义的是经薄膜上下表面反射光之间的相位差。当薄膜折射率 n_2 满足 $n_1 < n_2 > n_3$ 或 $n_1 > n_2 < n_3$ 时，薄膜上下表面反射光之间产生 π 的相位差；当薄膜折射率 n_2 满足 $n_1 < n_2 < n_3$ 或 $n_1 > n_2 > n_3$ 时，薄膜上下表面反射光之间不会产生相位突变。

习题

1. 求光分别从空气到金刚石和从金刚石到空气正入射条件下的s光和p光的振幅反射率与透射率 $\tilde{r}_s$、$\tilde{r}_p$、$\tilde{t}_s$、$\tilde{t}_p$，以及强度反射率与透射率 R_s、R_p、T_s、T_p。金刚石折射率为 $n=2.42$。

2. 求光分别从空气到金刚石和从金刚石到空气30°入射条件下的振幅反射率与透射率 $\tilde{r}_s$、$\tilde{r}_p$、$\tilde{t}_s$、$\tilde{t}_p$，以及强度反射率与透射率 R_s、R_p、T_s、T_p。

3. 平面波入射光学介质表面，应用折射定律，证明s光的振幅反射率和透射率满足如下公式

$$\tilde{r}_s=\frac{\tilde{E}'_{1s}}{\tilde{E}_{1s}}=\frac{n_1\cos i_1-n_2\cos i_2}{n_1\cos i_1+n_2\cos i_2}=\frac{\sin(i_2-i_1)}{\sin(i_1+i_2)}$$

$$\tilde{t}_s=\frac{\tilde{E}_{2s}}{\tilde{E}_{1s}}=\frac{2n_1\cos i_1}{n_1\cos i_1+n_2\cos i_2}=\frac{2\cos i_1\sin i_2}{\sin(i_1+i_2)}$$

4. 平面波入射光学介质表面，应用折射定律，证明p光的振幅反射率和透射率满足如下公式

$$\tilde{r}_p=\frac{\tilde{E}'_{1p}}{\tilde{E}_{1p}}=\frac{n_2\cos i_1-n_1\cos i_2}{n_2\cos i_1+n_1\cos i_2}=\frac{\tan(i_1-i_2)}{\tan(i_1+i_2)}$$

$$\tilde{t}_p=\frac{\tilde{E}_{2p}}{\tilde{E}_{1p}}=\frac{2n_1\cos i_1}{n_2\cos i_1+n_1\cos i_2}=\frac{2\cos i_1\sin i_2}{\sin(i_1+i_2)\ \cos(i_1-i_2)}$$

5. 太阳徐徐升起在平静的湖面上，当它在水面上所成的像完全由平行于水面的线偏振光组成时，此时阳光的入射角为多少？并说明反射光中电矢量的振动方向。水的折射率为 1.33。

6. 线偏振光在大于全反射临界角入射时，试分析经全反射后的偏振态。假设入射线偏振光的偏振方向与入射面存在小于 90°的夹角。

7. 求光束从空气到金刚石（$n=2.42$）和从金刚石到空气的布儒斯特角，以及光束从金刚石到空气的全反射临界角。

8. 下图中，光束以 45°从空气入射到光学玻璃平板（$n=1.5$）。分析从玻璃平板上下表面反射光 1 和 2 的相位突变情况。

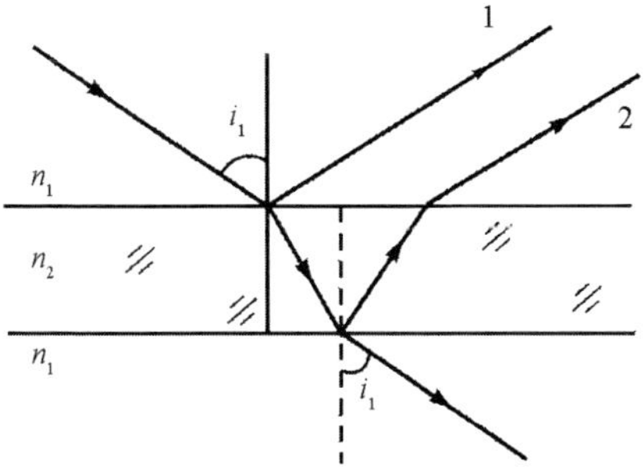

9. 光从光疏介质掠射到光密介质（$n_1 < n_2$），计算其反射光的 p 光和 s 光的振幅反射率，并试分析此时反射光相对入射光是否发生了相位突变（即是否产生了半波损失）。

10. 光从光密介质到光疏介质掠射（$n_1 > n_2$），给出 p 光和 s 光的振幅反射率公式，并分析此时反射光相对入射光是否发生了相位突变（即是否产生了半波损失）。

11. 分别分析当薄膜折射率 n_2满足 $n_1 < n_2 > n_3$ 和 $n_1 > n_2 < n_3$ 两种情形下，薄膜上下表面反射光之间存在 π 的相位突变，即有半波损失。

12. 试分析当薄膜折射率 n_2满足 $n_1 < n_2 < n_3$ 或 $n_1 > n_2 > n_3$ 时，薄膜上下表面反射光之间会不会产生相位突变。

解 答

1. **解：** 在正入射条件下，$i_1 = i_2 = 0$。

由菲涅耳公式，s 光和 p 光的振幅反射率与透射率为

$$\tilde{r}_s = \frac{n_1 - n_2}{n_1 + n_2}, \qquad \tilde{t}_s = \frac{2n_1}{n_1 + n_2}$$

$$\tilde{r}_p = \frac{n_2 - n_1}{n_1 + n_2}, \qquad \tilde{t}_p = \frac{2n_1}{n_1 + n_2}$$

光从空气正入射到金刚石，有

$$\tilde{r}_s = -0.42,\quad \tilde{t}_s = 0.58$$

$$\tilde{r}_p = 0.42,\quad \tilde{t}_p = 0.58$$

光从金刚石正入射到空气，有

$$\tilde{r}_s = 0.42,\quad \tilde{t}_s = 1.42$$

$$\tilde{r}_p = -0.42,\quad \tilde{t}_p = 1.42$$

由振幅反射率和透射率及相对强度公式 $I = nE^2$，s 光和 p 光的强度反射率与透射率 R_s、R_p、T_s 和 T_p 为

$$R_s = \left|\frac{n_1 - n_2}{n_1 + n_2}\right|^2,\quad R_p = \left|\frac{n_2 - n_1}{n_1 + n_2}\right|^2$$

$$T_s = \frac{n_2}{n_1}\left|\frac{2n_1}{n_1 + n_2}\right|^2,\quad T_p = \frac{n_2}{n_1}\left|\frac{2n_1}{n_1 + n_2}\right|^2$$

光从空气正入射到金刚石时，s 光和 p 光的强度反射率与透射率为

$$R_s = 0.176\,4,\quad R_p = 0.176\,4$$

$$T_s = 0.814\,1,\quad T_p = 0.814\,1$$

光从金刚石到空气正入射时，s 光和 p 光的强度反射率与透射率为

$$R_s = 0.176\,4,\quad R_p = 0.176\,4$$

$$T_s = 0.833\,2,\quad T_p = 0.833\,2$$

2. **解：** 当光从空气 30°入射到金刚石，有

$$\cos 30° \approx 0.866,\quad \cos i_2 = \sqrt{1 - \left(\frac{n_1}{n_2}\sin i_1\right)^2} \approx 0.89$$

由菲涅耳公式

$$\tilde{r}_s = \frac{\tilde{E}'_{1s}}{\tilde{E}_{1s}} = \frac{n_1 \cos i_1 - n_2 \cos i_2}{n_1 \cos i_1 + n_2 \cos i_2}$$

$$\tilde{r}_p = \frac{\tilde{E}'_{1p}}{\tilde{E}_{1p}} = \frac{n_2 \cos i_1 - n_1 \cos i_2}{n_2 \cos i_1 + n_1 \cos i_2}$$

$$\tilde{t}_s = \frac{\tilde{E}_{2s}}{\tilde{E}_{1s}} = \frac{2n_1 \cos i_1}{n_1 \cos i_1 + n_2 \cos i_2}$$

$$\tilde{t}_p = \frac{\tilde{E}_{2p}}{\tilde{E}_{1p}} = \frac{2n_1 \cos i_1}{n_2 \cos i_1 + n_1 \cos i_2}$$

求得 s 光和 p 光的振幅反射率与透射率为

$$\tilde{r}_s = -0.465, \quad \tilde{r}_p = 0.363$$

$$\tilde{t}_s = 0.535, \quad \tilde{t}_p = 0.563$$

s 光和 p 光的强度反射率与透射率为

$$R_s = 0.216, \quad R_p = 0.132$$

$$T_s = 0.693, \quad T_p = 0.767$$

光从金刚石入射到空气时，由于全反射临界角为

$$i_c = \arcsin \frac{1}{2.42} \approx 24.4°$$

小于入射角 30°，因此当光从金刚石 30°入射到空气时发生了全反射，振幅反射率为

$$\tilde{r}_p = e^{i\delta_p} = e^{i104°}$$

$$\tilde{r}_s = e^{i\delta_s} = e^{i36°}$$

上式表明，s 光和 p 光相对定义反射光产生的附加相位差为

$$\Delta\delta = \delta_p - \delta_s = 104° - 36° = 68°$$

表明反射光为椭圆偏振光。这里

$$\delta_p = 2\arctan\frac{b_1}{a_1},\ \delta_s = 2\arctan\frac{b_2}{a_2}$$

$$a_1 = n_2\cos i_1,\ b_1 = n_1\sqrt{\left(\frac{n_1}{n_2}\sin i_1\right)^2 - 1}$$

$$a_2 = n_1\cos i_1,\ b_2 = n_2\sqrt{\left(\frac{n_1}{n_2}\sin i_1\right)^2 - 1}$$

3. **证明：** 应用折射定律 $n_1\sin i_1 = n_2\sin i_2$，将 $n_1 = \frac{n_2\sin i_2}{\sin i_1}$代入

$$\tilde{r}_s = \frac{\tilde{E}'_{1s}}{\tilde{E}_{1s}} = \frac{n_1\cos i_1 - n_2\cos i_2}{n_1\cos i_1 + n_2\cos i_2} = \frac{\sin i_2\cos i_1 - \sin i_1\cos i_2}{\sin i_2\cos i_1 + \sin i_1\cos i_2}$$

$$= \frac{\sin(i_2 - i_1)}{\sin(i_1 + i_2)}$$

同理得

$$\tilde{t}_s = \frac{\tilde{E}_{2s}}{\tilde{E}_{1s}} = \frac{2n_1\cos i_1}{n_1\cos i_1 + n_2\cos i_2} = \frac{2\frac{\sin i_2}{\sin i_1}\cos i_1}{\frac{\sin i_2}{\sin i_1}\cos i_1 + \cos i_2} = \frac{2\cos i_1\sin i_2}{\sin(i_1 + i_2)}$$

得证。

4. **证明：** 由折射定理 $n_1\sin i_1 = n_2\sin i_2$，有

$$n_2\cos i_1 - n_1\cos i_2 = \frac{n_1}{\sin i_2}\ (\sin i_1\cos i_1 - \sin i_2\cos i_2)$$

$$n_2\cos i_1+n_1\cos i_2=\frac{n_1}{\sin i_2}\ (\sin i_1\cos i_1+\sin i_2\cos i_2)$$

再应用三角函数公式

$$\begin{aligned}&\sin(i_1-i_2)\ \cos(i_1+i_2)\\=&\ (\sin i_1\cos i_2-\cos i_1\sin i_2)\ (\cos i_1\cos i_2-\sin i_1\sin i_2)\\=&\ (\sin i_1\cos i_1-\sin i_2\cos i_2)\ \sin(i_1+i_2)\ \cos(i_1-i_2)\\=&\ (\sin i_1\cos i_2+\cos i_1\sin i_2)\ (\cos i_1\cos i_2+\sin i_1\sin i_2)\\=&\sin i_1\cos i_1+\sin i_2\cos i_2\end{aligned}$$

得

$$\tilde{r}_{\mathrm{p}}=\frac{n_2\cos i_1-n_1\cos i_2}{n_2\cos i_1+n_1\cos i_2}=\frac{\dfrac{n_1}{\sin i_2}\ (\sin i_1\cos i_1-\sin i_2\cos i_2)}{\dfrac{n_1}{\sin i_2}\ (\sin i_1\cos i_1+\sin i_2\cos i_2)}$$

$$=\frac{\sin(i_1-i_2)\ \cos(i_1+i_2)}{\sin(i_1+i_2)\ \cos(i_1-i_2)}=\frac{\tan(i_1-i_2)}{\tan(i_1+i_2)}$$

$$\tilde{t}_{\mathrm{p}}=\frac{\tilde{E}_{2\mathrm{p}}}{\tilde{E}_{1\mathrm{p}}}=\frac{2n_1\cos i_1}{n_2\cos i_1+n_1\cos i_2}=\frac{2\dfrac{\sin i_2}{\sin i_1}\cos i_1}{\cos i_1+\dfrac{\sin i_2}{\sin i_1}\cos i_2}$$

$$=\frac{2\cos i_1\sin i_2}{\sin i_1\cos i_1+\sin i_2\cos i_2}=\frac{2\cos i_1\sin i_2}{\sin(i_1+i_2)\ \cos(i_1-i_2)}$$

得证。

5. **解：** 当入射光以布儒斯特角入射时，反射光是偏振光，因此入射角是布儒斯特角

$$i_{\mathrm{B}}=\arctan\frac{n_2}{n_1}=\arctan 1.33\approx 53°$$

以布儒斯特角入射的反射光只包含 s 偏振光，因此反射光的电矢量振动方向与入射面垂直。

6. **解：** 由于入射光的偏振方向与入射面存在小于 90°的夹角，入射光分解为 s 偏振光和 p 偏振光两个垂直分量。当该线偏振光大于全反射临界角入射时，振幅反射率为：

$$\tilde{r}_p = \frac{\tilde{E}'_{1p}}{\tilde{E}_{1p}} = e^{i\delta_p}, \qquad \tilde{r}_s = \frac{\tilde{E}'_{2s}}{\tilde{E}_{1s}} = e^{i\delta_s}$$

上式表明，s 光和 p 光产生的附加相位差为

$$\Delta\delta = \delta_p - \delta_s$$

一般情况下 $\Delta\delta$ 满足 $0 < \Delta\delta < 90°$，因此表明反射 s 光和 p 光两个相互垂直偏振光产生了附加相位差，变换为椭圆偏振光。

这里

$$\delta_p = 2\arctan\frac{b_1}{a_1}, \qquad \delta_s = 2\arctan\frac{b_2}{a_2}$$

$$a_1 = n_2\cos i_1,\ b_1 = n_1\sqrt{\left(\frac{n_1}{n_2}\sin i_1\right)^2 - 1}$$

$$a_2 = n_1\cos i_1,\ b_2 = n_2\sqrt{\left(\frac{n_1}{n_2}\sin i_1\right)^2 - 1}$$

7. **解：** 由布儒斯特角的定义 $\tan i_B = \frac{n_2}{n_1}$ 得到，从空气到金刚石的布儒斯特角约为 67°33′，从金刚石到空气的布儒斯特角约为 22°27′。

全反射时，

$$i_c = \arcsin\frac{n_2}{n_1} = 24°24'$$

8. **解：** 从玻璃上下表面反射的布儒斯特角分别为 56.3°和 33.7°，大于入射角 45°和折射角 28.1°。应用菲涅耳公式，玻璃上表面反射的 s 光和 p 光振幅反射率满足

$$\tilde{r}_s < 0, \quad \tilde{r}_p > 0$$

意味着反射的 s 光的偏振方向与定义的方向相反，p 光偏振方向与定义的方向相同，如下图中反射光线 1 所示。

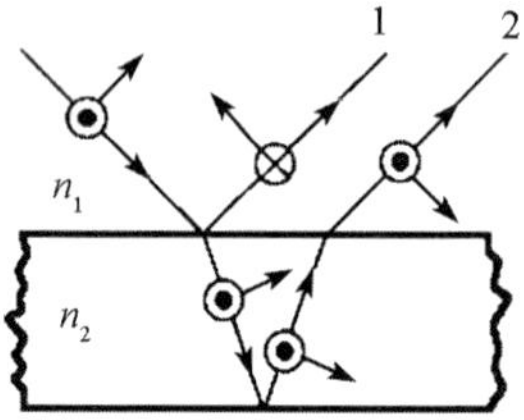

$i_1 < i_B$

折射光的 s 光和 p 光振幅透射率大于零，与定义的方向相同，在玻璃下表面反射的 s 光和 p 光振幅反射率满足

$$\tilde{r}_s > 0, \quad \tilde{r}_p < 0$$

因此，反射光 s 光的偏振方向与定义的方向相同，p 光偏振方向与定义的方向相反（如上图所示）。玻璃下表面反射光再经上表面透射后的 s 光和 p 光振幅透射率大于零，表明 s 光和 p 光偏振方向与定义的方向相同，如光线 2 所示。比较前后表面反射 s 光和 p 光的偏振方向可知，空气中玻璃平板前后表面反射光波产生了 π 的相位突变，即半波损失。

9. **解**：由菲涅耳公式，在掠入射条件下，$i_1=i_2\approx\frac{\pi}{2}$，则有：

$$\begin{cases}\tilde{r}_s\approx\dfrac{n_1\cos\dfrac{\pi}{2}-n_2\cos i_2}{n_1\cos\dfrac{\pi}{2}+n_2\cos i_2}=-1<0\\[2ex]\tilde{r}_p\approx\dfrac{n_2\cos\dfrac{\pi}{2}-n_1\cos i_2}{n_2\cos\dfrac{\pi}{2}+n_1\cos i_2}=-1<0\end{cases}$$

上式表示反射的 s 光和 p 光振幅反射率都小于零，意味着反射的 s 光和 p 光偏振方向与定义的方向相反，如下图所示。比较入射光和反射光的偏振方向，可知，掠射时反射光相对入射光发生了相位突变，即产生了半波损失。

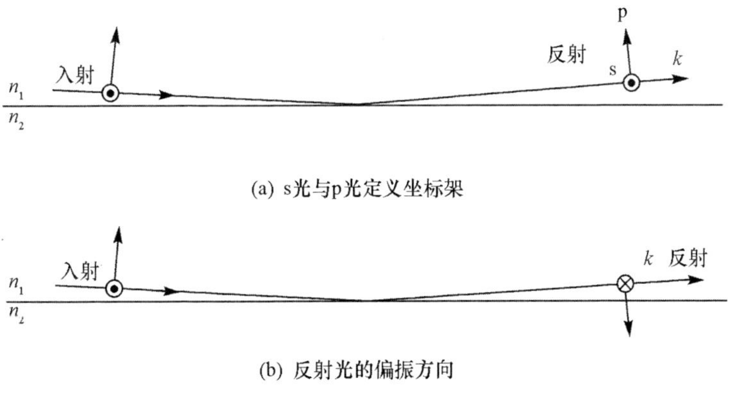

(a) s光与p光定义坐标架

(b) 反射光的偏振方向

10. **解**：由菲涅耳公式和折射定律，当入射角大于全反射临界角时，s 光和 p 光的反射率公式为

$$\tilde{r}_p=\frac{n_2\cos i_1-\mathrm{i}n_1\sqrt{\left(\frac{n_1}{n_2}\sin i_1\right)^2-1}}{n_2\cos i_1+\mathrm{i}n_1\sqrt{\left(\frac{n_1}{n_2}\sin i_1\right)^2-1}}$$

$$\tilde{r}_s=\frac{n_1\cos i_1-\mathrm{i}n_2\sqrt{\left(\frac{n_1}{n_2}\sin i_1\right)^2-1}}{n_1\cos i_1+\mathrm{i}n_2\sqrt{\left(\frac{n_1}{n_2}\sin i_1\right)^2-1}}$$

在掠入射条件下，$i_1=i_2\approx\frac{\pi}{2}$，代入上式有：

$$\tilde{r}_s\approx-1,\quad \tilde{r}_p\approx-1$$

与题9相同的分析，掠射时反射光相对入射光发生了相位突变，即产生了半波损失。

11. **解：**(1) 分析 $n_1<n_2>n_3$ 情形。

(a) 当入射角小于布儒斯特角时，与题8解题分析相同，薄膜上下表面反射光波产生了 π 相位突变，即半波损失。

(b) 当入射角大于布儒斯特角时，由图2.6 (a) 可知，薄膜上表面反射的s光和p光振幅反射率满足

$$\tilde{r}_s<0,\quad \tilde{r}_p<0$$

意味着反射的s光和p光的偏振方向与定义的方向相反，如下图反射光线1所示。折射光的s光和p光振幅透射率大于零（参见图2.7），与定义的方向相同（如下图）。如果折射角大于布儒斯特角，在薄膜下表面反射的s光和p光振幅反射率满足

$$\tilde{r}_s > 0, \quad \tilde{r}_p > 0$$

反射光 s 光和 p 光的偏振方向与定义的方向相同，经过薄膜上表面透射后，s 光和 p 光的偏振方向如下图光线 2 所示。比较上下表面反射光线 1 和 2 反射 s 光和 p 光的偏振方向可知，空气中玻璃平板上下表面反射光波产生了 π 相位突变，即半波损失。

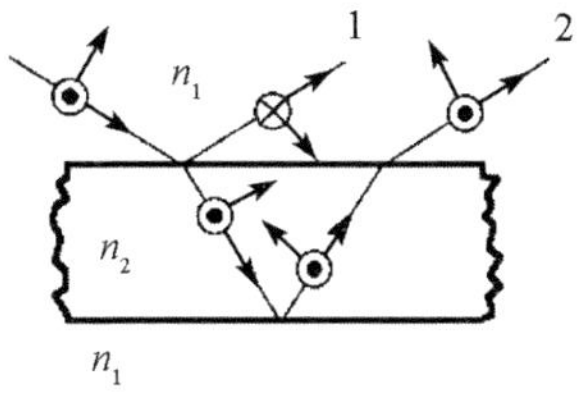

综合（a）和（b）的结论，当薄膜折射率 n_2 满足 $n_1 < n_2 > n_3$ 时，薄膜上下表面反射光有半波损失。

（2）分析 $n_1 > n_2 < n_3$ 情形。

分析方法同（1），同样可以得到薄膜上下表面反射光有半波损失的结论。

12. **解：**（1）以 $n_1 < n_2 < n_3$ 的情形为例。

（a）当入射角小于布儒斯特角时，由图 2.6（a）可知，薄膜上表面反射的 s 光和 p 光振幅反射率满足

$$\tilde{r}_s < 0, \quad \tilde{r}_p > 0$$

意味着反射的 s 光与定义的方向相反，p 光的偏振方向与定义方向相同，如下图反射光线 1 所示。

折射光的 s 光和 p 光振幅透射率大于零（参见图 2.7），

与定义的方向相同（如下图）。

$n_1 < n_2 < n_3$

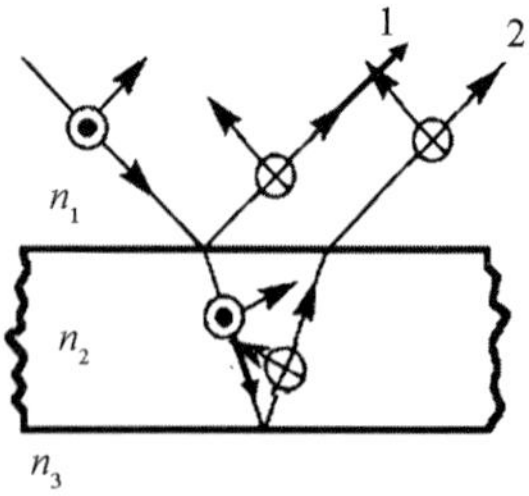

$i_1 < i_B$

如果折射角小于布儒斯特角，又由于 $n_2 < n_3$，在薄膜下表面反射的 s 光和 p 光振幅反射率满足

$$\tilde{r}_s < 0, \quad \tilde{r}_p > 0$$

意味着反射的 s 光与定义的方向相反，p 光的偏振方向与定义方向相同，再经薄膜上表面折射，出射光线 2 中 s 光和 p 光的偏振方向如反射光线 2 所示。比较光线 1 和 2，其 s 光和 p 光的偏振方向相同，因此当折射率 n_2 满足 $n_1 < n_2 < n_3$ 时，薄膜上下表面反射的光束没有半波损失。

（b）当入射角大于布儒斯特角时，其讨论与（a）相同，可以得到该薄膜上下表面反射光束没有半波损失的结论。

总之当薄膜折射率 n_2 为 $n_1 < n_2 < n_3$ 的情形时，薄膜上下表面的反射光没有半波损失。

（2）薄膜折射率 n_2 为 $n_1 > n_2 > n_3$ 的情形。其讨论与（1）相同，同样可以得到该薄膜上下表面反射光束没有半波损失的结论。

第 3 章
光的干涉与相干性

基本理论与公式

3.1 光波干涉的基本概念

（1）光波的叠加原理

N 列光波在线性介质传输，其相互交叠区域中点 $P(\boldsymbol{r})$ 的光波场的振动 $\boldsymbol{U}(\boldsymbol{r},\ t)$ 等于各个波 $\boldsymbol{U}_i(\boldsymbol{r},\ t)$ 单独存在时在该点的光波的线性叠加

$$\boldsymbol{U}(\boldsymbol{r},t) = \sum_{j}^{N} \boldsymbol{U}_j(\boldsymbol{r},t) \tag{3.1}$$

上式为光波的叠加原理，基于波的叠加原理而建立的理论是线性光学理论。

（2）两列平面波叠加与干涉

两束单色平面波：

$$\begin{cases} \boldsymbol{U}(\boldsymbol{r},\ t) = \boldsymbol{E}_{10}\mathrm{e}^{\boldsymbol{k}_1 \cdot \boldsymbol{r} - \omega_1 t + \varphi_{10}} \\ \boldsymbol{U}_2(\boldsymbol{r},\ t) = \boldsymbol{E}_{20}\mathrm{e}^{\boldsymbol{k}_2 \cdot \boldsymbol{r} - \omega_2 t + \varphi_{20}} \end{cases} \tag{3.2}$$

其叠加场的光强为

$$I(\boldsymbol{r}) = \frac{\varepsilon\varepsilon_0 c}{n}\langle|\boldsymbol{E}(\boldsymbol{r},t)|^2\rangle$$

$$= \frac{\varepsilon\varepsilon_0 c}{2n}[|\boldsymbol{E}_{10}|^2 + |\boldsymbol{E}_{20}|^2 + \langle\boldsymbol{E}_1(\boldsymbol{r},t)\cdot\boldsymbol{E}(\boldsymbol{r},t)_2\rangle]$$

$$= I_1(\boldsymbol{r}) + I_2(\boldsymbol{r}) + \Delta I(\boldsymbol{r}) \tag{3.3}$$

式中，干涉项为

$$\Delta I(\boldsymbol{r}) = 2\frac{\varepsilon\varepsilon_0 c}{n}\langle\boldsymbol{E}_1\cdot\boldsymbol{E}_2\rangle$$

$$= \frac{\varepsilon\varepsilon_0 c}{n}\boldsymbol{E}_{10}\cdot\boldsymbol{E}_{20}\{\langle\cos[(\boldsymbol{k}_1+\boldsymbol{k}_2)\cdot\boldsymbol{r}+(\varphi_{20}+\varphi_{10})-(\omega_2+\omega_1)t]\rangle+\langle\cos[(\boldsymbol{k}_2-\boldsymbol{k}_1)\cdot\boldsymbol{r}+(\varphi_{20}-\varphi_{10})-(\omega_2-\omega_1)t]\rangle\} \tag{3.4}$$

其中，尖括号表示对时间的平均。式（3.4）中，等号右边第一项为和频项，其时间平均值为0；等号右边第二项不为0，必须满足“相干条件”

$$\begin{cases}\omega_2=\omega_1\\ \boldsymbol{E}_{10}\cdot\boldsymbol{E}_{20}\neq 0\\ \varphi_{20}-\varphi_{10}=\text{常数}\end{cases} \tag{3.5}$$

满足这三个条件的光束具有相干性，称为“相干光”。不满足相干条件的两光束叠加，其叠加光场的光强等于参与叠加的两列波的强度之和

$$I_t(\boldsymbol{t}) = I_1(\boldsymbol{r}) + I_2(\boldsymbol{r}) \tag{3.6}$$

称为非相干叠加。满足相干条件的两光束叠加，叠加场的光强是参与叠加的两列波的强度与干涉项之和

$$I_t(\boldsymbol{r}) = I_1(\boldsymbol{r}) + I_2(\boldsymbol{r}) + \Delta I(\boldsymbol{r})$$

干涉项的结果使叠加区域产生明暗相间的干涉条纹。

在讨论具有相频率的光场的干涉场分布时，光场采用标量形式的复振幅描述，$\tilde{U}(\boldsymbol{r}) = A e^{i\varphi(\boldsymbol{r})}$。

两列平面波的相干强度可表示为

$$\begin{aligned} I(\boldsymbol{r}) &= [\tilde{U}_1(\boldsymbol{r}) + \tilde{U}_2(\boldsymbol{r})][\tilde{U}_1(\boldsymbol{r}) + \tilde{U}_2(\boldsymbol{r})]^* \\ &= I_1 + I_2 + 2\sqrt{I_1 I_2}\cos\Delta\varphi \end{aligned} \tag{3.7}$$

式中 $\Delta\varphi = \varphi_1(\boldsymbol{r}) - \varphi_2(\boldsymbol{r})$。两列相同频率光波的干涉场只与空间相位差有关。

（3）干涉场的衬比度

干涉条纹的清晰度或条纹的对比度，通过定义干涉条纹的衬比度进行描述

$$\gamma = \frac{I_{max} - I_{min}}{I_{max} + I_{min}} \tag{3.8}$$

干涉条纹的衬比度 γ 最大值为 1，最小值为 0，在一定程度上可以反映参与叠加的两个光波之间的相干程度：$\gamma = 1$ 为完全相干；$\gamma = 0$ 为完全非相干；$0 < \gamma < 1$ 为部分相干。

3.2　分波前干涉

（1）杨氏干涉

将一个光波取两个次级子波源，次级子波源形成满足相干条件的光波，形成相干叠加，这种方法称为分波前干涉法。典

型的是杨氏双缝干涉实验，如图 3.1 所示。

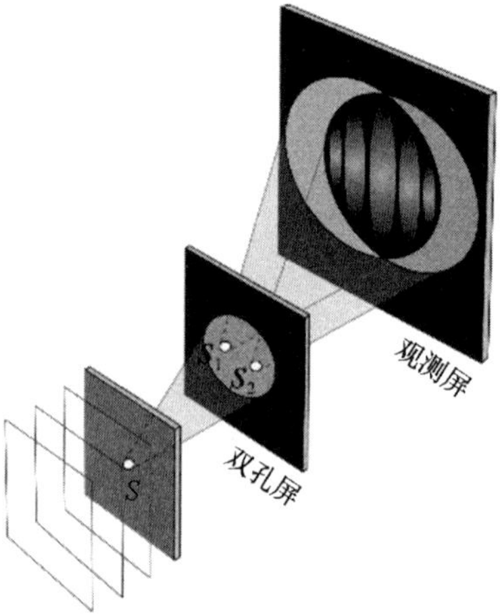

图 3.1　杨氏干涉原理图

在傍轴条件下，杨氏双缝干涉光强分布为

$$I(x,\ y)=2I_0\left[1+\cos\left(k_0 n\frac{d}{D}x\right)\right]=2I_0\left[1+\cos\left(k\frac{d}{D}x\right)\right] \tag{3.9}$$

一般情况，两个点源发出的球面波的干涉场分布的等光程面，满足如下公式

$$\frac{x^2}{(\Delta L/2n)^2}-\frac{y^2+z^2}{(l/2)^2-(\Delta L/2n)^2}=1$$

干涉条纹分布如图 3.2 所示。

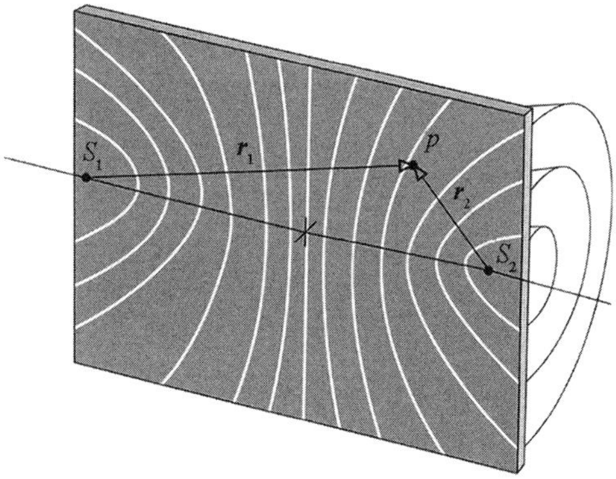

图 3.2　两个点光源干涉条纹分布

3.3　分振幅干涉

分振幅干涉法是一种采用分光元件将一束入射光分为两束光再实现相干叠加的方法。典型例子是薄膜干涉，它是由薄膜上下表面反射光叠加形成的干涉。分振幅干涉按照实现方式不同又分为等倾干涉和等厚干涉两种。

（1）等倾干涉

考虑上表面反射光波和下表面第一次反射光波，在透镜后焦平面（或眼睛聚焦到无穷远处）观察到这两束反射光波叠加产生的干涉现象为等倾干涉，其光程差计算光路如图 3.3 所示。

考虑半波损失时，条纹公式为

亮条纹：

$$2nh\cos i_t = \left(m + \frac{1}{2}\right)\lambda, \quad m = 0,1,2,\cdots \tag{3.10}$$

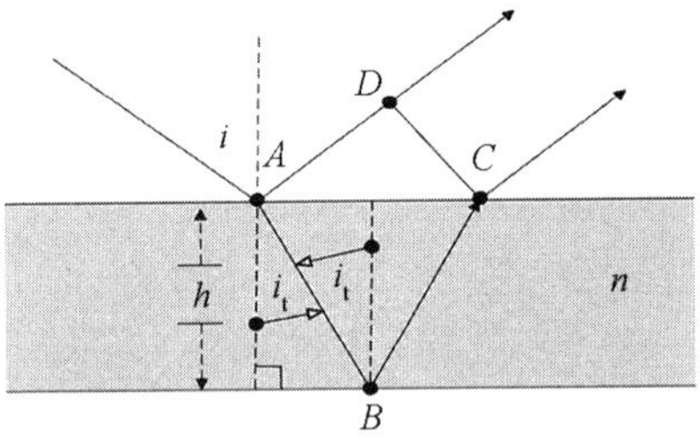

图 3.3　薄膜上下表面反射光光程差计算示意图

暗条纹：

$$2nh\cos i_t = m\lambda, \quad m=1, 2, \cdots \tag{3.11}$$

（2）等厚干涉

光程差计算原理，如图 3.4 所示。考虑半波损失，其干涉条纹公式为

亮条纹：

$$2nh\cos i_t = \left(m+\frac{1}{2}\right)\lambda, \quad m=0, 1, 2, \cdots \tag{3.12}$$

暗条纹：

$$2nh\cos i_t = m\lambda, \quad m=1, 2, \cdots \tag{3.13}$$

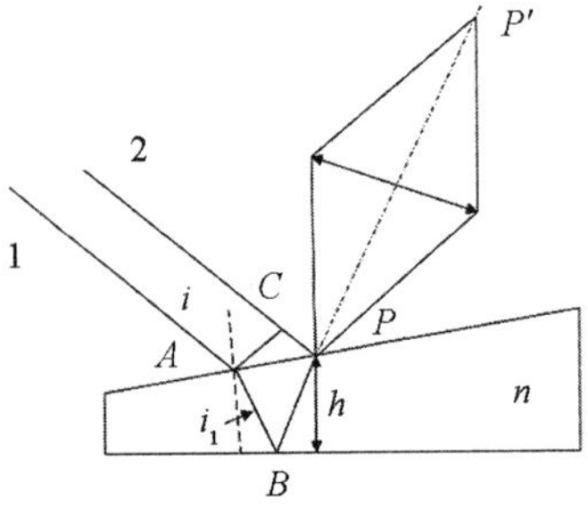

图 3.4　平行光照射下等厚干涉计算原理

与等倾干涉条纹公式相同。

（3）牛顿环法测量透镜曲率半径

牛顿环法测量透镜曲率半径，如图 3.5 所示。平行光垂直照射下，透镜后表面反射光与标准板前表面反射光叠加干涉，这两束反射光的光程差为 $2h$，h 为透镜与标准件间的空气薄膜的厚度。由于半波损失，若厚度满足

$$2h = \left(m + \frac{1}{2}\right)\lambda, \quad m = 0, 1, 2, \cdots$$

干涉相长；若厚度满足

$$2h = m\lambda$$

干涉相消。第 m 级条纹相对中心点的半径 r_m 与对应的空气膜厚度 h_m 和透镜后表面半径 R 满足

$$r_m^2 = R^2 - (R - h_m)^2 \approx 2Rh$$

第 m 级暗环半径 r_m 为

$$r_m = \sqrt{mR\lambda} = \sqrt{m}r_1 \tag{3.14}$$

$$r_1 = \sqrt{R\lambda}$$

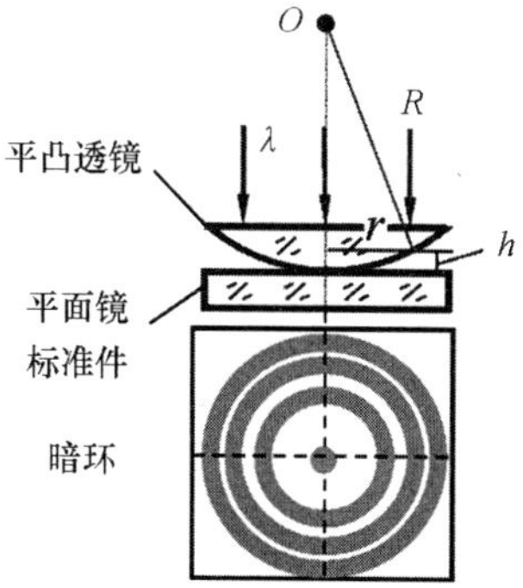

图 3.5　牛顿环法测量透镜曲率半径的示意图

3.4 分振幅干涉测量仪——迈克尔逊干涉仪

迈克尔逊干涉仪的结构和光路如图 3.6 所示，光束经分光镜、M_1 和 M_2 反射镜后相干叠加。考虑半波损失，当空气膜光程差满足

$$\Delta L(P) = 2h\cos i_t = \left(m + \frac{1}{2}\right)\lambda, \quad m = 0, 1, 2, \cdots \tag{3.15}$$

干涉为亮条纹。

对一定相干长度的光源，迈克尔逊干涉仪光程差测量有一个测长最大量程 l_M 的限制，由光源的时间相干性 τ 决定

$$l_M = \frac{L_0}{2} = \frac{\tau c}{2} \tag{3.16}$$

其中 L_0 为波列长度。

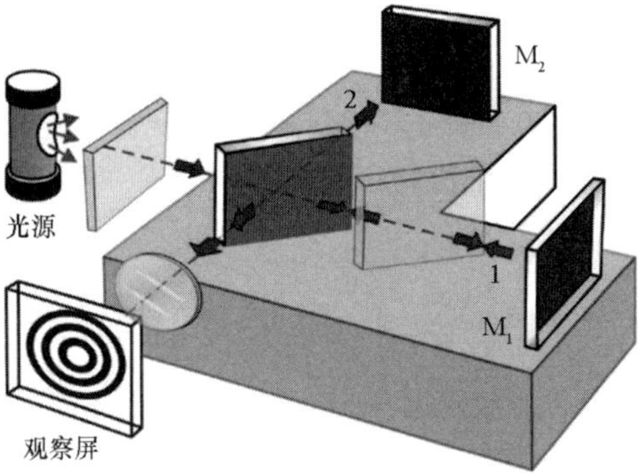

(a) 迈克尔逊干涉仪结构示意图

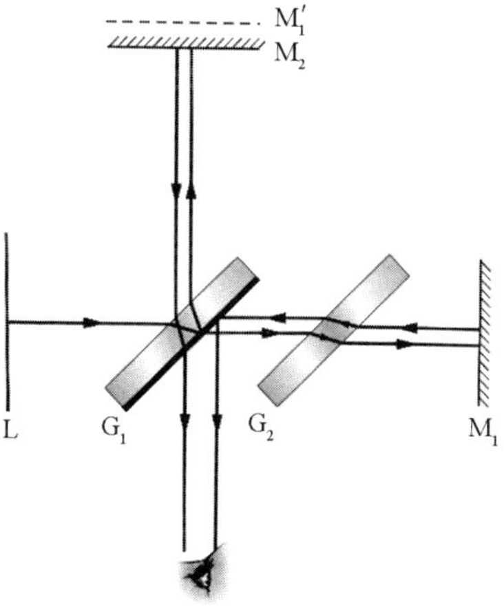

(b) 迈克尔逊干涉仪光路示意图

图 3.6　迈克尔逊干涉仪的基本结构与光路

3.5　多光束干涉

（1）多光束干涉强度分布

折射率为 n 的透明平板厚度为 h，置于折射率为 n_1 的介质中，以入射角 i 入射的光束将在平板上下界面发生多次反射和透射。使用透镜将多束透射光或反射光聚焦，在焦平面上将发生多光束等倾干涉，如图 3.7 所示。

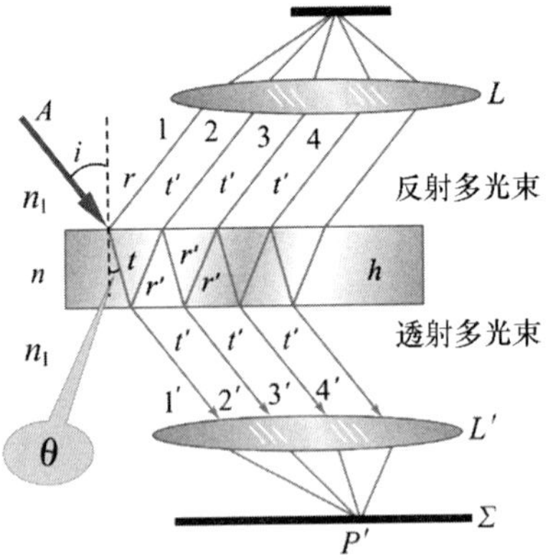

图 3.7　多光束干涉装置原理图

可以得到透射多光束的干涉场

$$\widetilde{U}_{\mathrm{T}}(\delta)\sum_{j=1}^{\infty}\widetilde{U}_j' = \widetilde{U}_{\mathrm{T}}(\delta) = \frac{1-R}{1-R\mathrm{e}^{\mathrm{i}\delta}}A_0 \tag{3.17}$$

这里 $R=r^2=r'^2$ 为界面的光强反射率。相位因子 δ 为相邻反射（折射）光线间的相位差。

$$\delta=\frac{2\pi}{\lambda}2nh\cos\theta \tag{3.18}$$

透射多光束干涉场强为

$$I_{\mathrm{T}}(\delta) = \widetilde{U}_{\mathrm{T}}\cdot\widetilde{U}_{\mathrm{T}}^{*} = \frac{I_0}{1+\dfrac{4R}{(1-R)^2}\sin^2\dfrac{\delta}{2}} \tag{3.19}$$

在多光束干涉装置中，经常使用精细系数（coefficient of fineness）F 来描述干涉场强度特点

$$F=\frac{4R}{(1-R)^2} \tag{3.20}$$

则透射多光束干涉场强可写为

$$I_{\mathrm{T}}(\delta)=\frac{I_0}{1+F\sin^2\dfrac{\delta}{2}} \tag{3.21}$$

根据光功率守恒，可以由透射场强得到反射场强

$$I_{\mathrm{R}}(\delta)=I_0-T_{\mathrm{T}}=\frac{F\sin^2\dfrac{\delta}{2}}{1+F\sin^2\dfrac{\delta}{2}}I_0 \tag{3.22}$$

透射场强度等于其峰值一半的两个位置位于

$$\delta=2n\pi\pm\frac{\varepsilon}{2} \tag{3.23}$$

则透射场强度条纹的半值宽度 ε 为

$$\varepsilon\approx\frac{4}{\sqrt{F}}\ \mathrm{rad} \tag{3.24}$$

相邻亮条纹相位间隔为 2π，定义相邻亮条纹间隔与半值宽度之比为条纹精细度

$$\mathbb{F}=\frac{2\pi}{\varepsilon}=\frac{\pi\sqrt{F}}{2}=\frac{\pi\sqrt{R}}{1-R} \tag{3.25}$$

对理想单一谱线光波，亮条纹宽度也可用条纹的半角宽度来表示

$$\Delta\theta_m\approx\frac{\lambda}{2\pi nh\sin\theta_m}\frac{(1-R)}{\sqrt{R}}=\frac{\lambda}{2nh\sin\theta_m}\frac{1}{\mathbb{F}}\ \mathrm{rad} \tag{3.26}$$

有一定谱线宽度的光，亮条纹宽度可用条纹的半值谱线宽度来表示，半值谱线宽度为

$$\Delta\lambda\approx\frac{\lambda_m^2}{2\pi nh\cos\theta_m}\frac{(1-R)}{\sqrt{R}} \tag{3.27}$$

（2）法布里－珀罗干涉仪的光谱分辨本领

法布里－珀罗（Fabry-Pèrot，FP）干涉仪是一种多光束干涉装置，主要用于超精细谱分析和激光器选模。

FP 干涉仪光谱分辨率为

$$\delta\lambda \approx \frac{\lambda}{\pi m}\frac{1-R}{\sqrt{R}} = \frac{\lambda}{m}\frac{1}{\mathbb{F}} \tag{3.28}$$

FP 干涉仪用于光谱测量的一个重要技术指标是它的色分辨本领（或称为分辨率），其定义为

$$Rc = \frac{\lambda}{\delta\lambda_m} \tag{3.29}$$

故 FP 干涉仪的色分辨本领为

$$Rc = \frac{\lambda}{\delta\lambda_m} = \lambda \Bigg/ \left(\frac{\lambda}{\pi m}\frac{1-R}{\sqrt{R}}\right) = m\pi\,\frac{\sqrt{R}}{1-R} = m\mathbb{F} \tag{3.30}$$

（3）多光束干涉的应用

激光器选频　FP 腔可以将入射的连续谱变为透射光的准离散谱 λ_m 输出，满足

$$2nh = m\lambda_m \tag{3.31}$$

的输出光波相干叠加而增强，输出光波为系列分立的光谱。这就是 FP 腔的选频作用。这些准离散谱的波长与频率为

$$\begin{cases} \lambda_m = \dfrac{2nh}{m} \\ \\ v_m = \dfrac{c}{\lambda_m} = m\,\dfrac{c}{2nh} \end{cases} \tag{3.32}$$

透射谱的频率间隔为

$$\Delta v = \frac{c}{2nh} \tag{3.33}$$

光学薄膜的设计制作　光学薄膜是在光学元件上镀制的不同材料的单层或多层膜，用于控制特定频率范围内光波的透射率、反射率或偏振等特性。光学薄膜设计的理论基础就是多光束干涉。

1）增透膜设计。在光学系统中，增透膜的使用可以最大限度地利用光能量，减小杂散光，提高成像的对比度。对于薄膜折射率 n_2 满足 $n_1 < n_2 < n_3$ 或 $n_1 > n_2 > n_3$ 的情形，光波在薄膜上下表面反射时不引入相位突变，且 r_{12} 和 r_{23} 同号。当 $\delta = 2kn_2d = (2m+1)\pi$（$m$ 为整数）时，反射率取最小值

$$R_{\mathrm{m}} = \left(\frac{r_{12} - r_{23}}{1 - r_{12}r_{23}}\right)^2 = \left(\frac{n_2^2 - n_1n_3}{n_2^2 + n_1n_3}\right)^2 \tag{3.34}$$

上式表明，可以通过适当选择薄膜介质的折射率 n_2 使 $R_{\mathrm{m}} = 0$，使透射光最强。此时，膜层材料折射率 n_2 与膜层厚度 d 需满足关系

$$\begin{cases} n_2 = \sqrt{n_1n_3} \\ n_2d = \dfrac{2m+1}{4}\lambda_0 \end{cases} \tag{3.35}$$

2）高反膜设计。对于薄膜折射率 n_2 满足 $n_1 < n_2 > n_3$ 或 $n_1 > n_2 < n_3$ 的情形，在膜层的上下表面反射光存在 π 的相位突变，r_{12} 和 r_{13} 异号。当 $\delta = 2kn_2d = (2m+1)\pi$（$m$ 为整数）时，反射率取最大值

$$R_{\mathrm{M}} = \left(\frac{n_2^2 - n_1n_3}{n_2^2 + n_1n_3}\right)^2 \tag{3.36}$$

3.6 光的空间相干性与时间相干性

（1）光场的空间相干性

光场的空间相干性是指在光源照明空间中横向任意两点位置处的光场 $\tilde{U}_1$ 和 $\tilde{U}_2$ 之间的相干程度，由光源本身的性质决定，用相干孔径角 θ_m 描述。

$$\theta_m = \frac{d_m}{R} = \frac{\lambda}{b} \tag{3.37}$$

在相干孔径角内，横向两点的光场具有相干性，如图 3.8 所示。

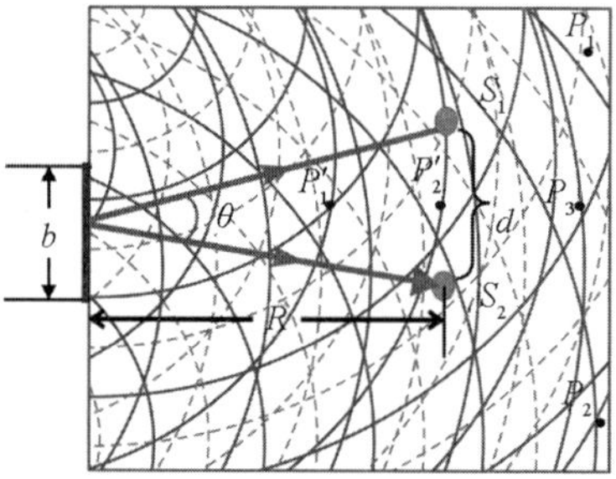

图 3.8　相干孔径角的定义示意图

相干孔径角 θ_m 的物理意义是：当双孔 S_1、S_2 相对光源中心的张角小于 θ_m 时，这两点处的光场是部分相干的；反之则为非相干的。

（2）光场的时间相干性

时间相干性　波列长度 l 以及与其对应的持续发光时间 τ

是决定光场纵向相干性的一个特征量，τ 为相干时间（coherent time），对应的波列长度 $l = c\tau$ 为相干长度（coherent length）。光场中这类相干性称为时间相干性（temporal coherence）。

实际光源发光时间有限，其光波波列为有限长度，光谱谱线为有限宽度，如图 3.9 所示。发光时间与光谱宽度满足

$$\Delta\omega \approx \frac{2\pi}{\tau}\Delta\nu \cdot \tau \approx 1 \tag{3.38}$$

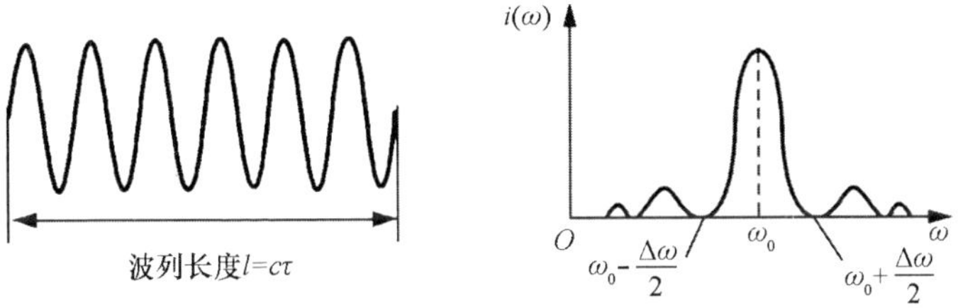

(a) 时域上的光振动产生的波列长度　　(b) 与图(a)所示波列对应的功率谱函数

图 3.9　发光时间与功率谱的关系

利用 $c = \lambda\nu$：光谱宽度 $\Delta\nu$ 与波长线宽 $\Delta\lambda$ 和波数宽度 Δk 关系为

$$\begin{cases} \Delta\lambda = \dfrac{1}{c}\lambda_0^2\Delta\nu \\ \Delta k = 2\pi \cdot \dfrac{\Delta\lambda}{\lambda_0^2} \end{cases} \tag{3.39}$$

其中，λ_0 为准单色光波的中心波长。

非单色性光源照明条件下，最大光程差 ΔL_M 为

$$\Delta L_M = \frac{2\pi}{\Delta k} = \frac{\lambda^2}{\Delta\lambda} \tag{3.40}$$

干涉条纹消失，干涉场衬比度接近 0。波列长度与光谱线宽和最大光程差的关系为

$$l = c\tau = \frac{\lambda^2}{\Delta\lambda} = \Delta L_M \tag{3.41}$$

习 题

1. 求振幅相同、频率相同、传播方向相同，但初相位不同的两列平面光波的叠加波，并分析这两列光波的叠加波的特征。

$$\boldsymbol{E}_1(\boldsymbol{r},\ t) = \boldsymbol{E}_0\cos(\boldsymbol{k}\cdot\boldsymbol{r} - \omega t + \varphi_{10})$$

$$\boldsymbol{E}_2(\boldsymbol{r},\ t) = \boldsymbol{E}_0\cos(\boldsymbol{k}\cdot\boldsymbol{r} - \omega t + \varphi_{20})$$

2. 在上题中由于两列平面波的振幅方向相同，将两列平面波表示为标量复数形式

$$U_1(\boldsymbol{r},\ t) = = A_0 e^{i(\boldsymbol{k}\cdot\boldsymbol{r} - \omega t + \varphi_{10})}$$

$$U_2(\boldsymbol{r},\ t) = = A_0 e^{i(\boldsymbol{k}\cdot\boldsymbol{r} - \omega t + \varphi_{20})}$$

求这两列平面波的叠加波。

3. 如下图所示，位于坐标原点的点光源，发射球面波复振幅 $U_1 = \frac{A}{r}e^{ikr}$。同时，有沿 z 轴方向传播的平面波 $U_2 = Ae^{ikz}$。求傍轴近似条件下，在 $z = D$ 的平面两光波相干叠加的光强。

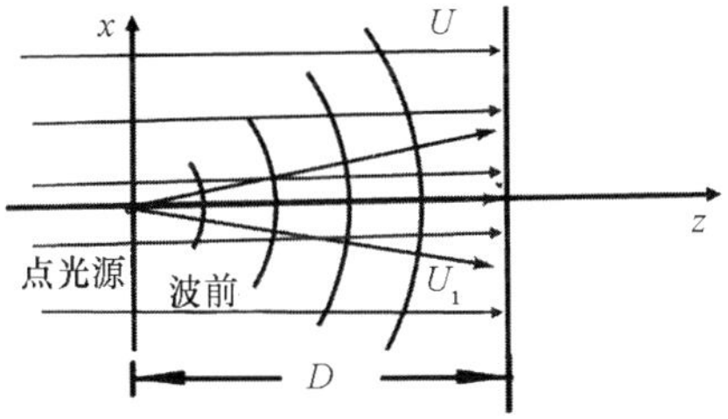

4. 两个相干点光源发射球面波 $\tilde{U}_1$ 和 $\tilde{U}_2$，波长 $\lambda_0 = 500$ nm，其中球面波 $\tilde{U}_1$ 和 $\tilde{U}_2$ 的中心都在 z 轴的负方向上，如下图所示。设 $D = 500$ mm，$d = 0.5$ mm。

（1）计算球面波在 $z = 0$ 平面上的干涉场强分布。

（2）分析两球面波在坐标中心点 O 处条纹的明暗。

（3）计算距中心最近处的两个条纹之间的间距。为简单起见，计算中可以认为 $z = 0$ 平面上两个球面波的振幅相等，均为 A，初始相位差为 0，观察区域远小于球面波曲率半径。

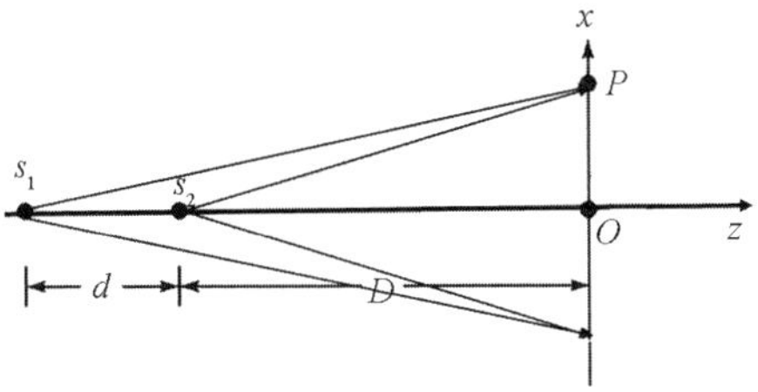

5. 在杨氏干涉实验中，两孔的间距 $d = 0.6$ mm，双孔与观察屏距离为 $D = 600$ mm，设实验光波长 $\lambda = 600$ nm。求观察屏上观察到的干涉条纹间距。

6. 历史上曾经利用杨氏双缝干涉实验装置测量了太阳光中包含的红、橙、黄、绿、青、蓝、紫七种颜色的光波长。已知这些光波的波长范围是 760 ~ 380 nm，所用显微镜可分辨的相邻颜色条纹间距大于 0.01 mm。

(1) 求杨氏双缝干涉装置中双孔间距 d 和观察屏与双孔的距离 D 满足的关系。

(2) 给出利用杨氏干涉粗略测量太阳光波长的估算公式。

7. 如下图所示，在单色光杨氏双缝干涉实验的一个光路中放置一玻璃片，设玻璃片厚度为 t，折射率为 n。设实验波长为 500 nm。在旁轴近似条件下计算：

(1) 当 n 和 t 满足什么条件时，屏中心处光强为零？什么条件下屏中心处光强为最大值？

(2) 假设玻璃折射率 $n = 1.5$，相对没有玻璃片时，中心条纹变为第 4 级亮条纹，玻璃片的厚度是多少？

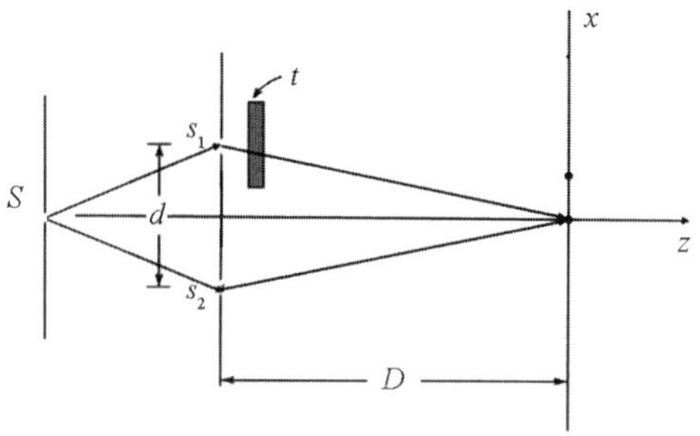

8. 会场中使用两个扬声器来播音，两扬声器间距 10 m，在距离扬声器 100 m 的距离上放置一麦克风，麦克风移动方向与两

扬声器构成的直线平行，麦克风测量得到的声波强度与移动距离的关系如下图所示。已知声波速度为 343 m/s。

（1）按题意，绘制声波强度测量布局示意图。

（2）计算出该扬声器所发射的声波频率。

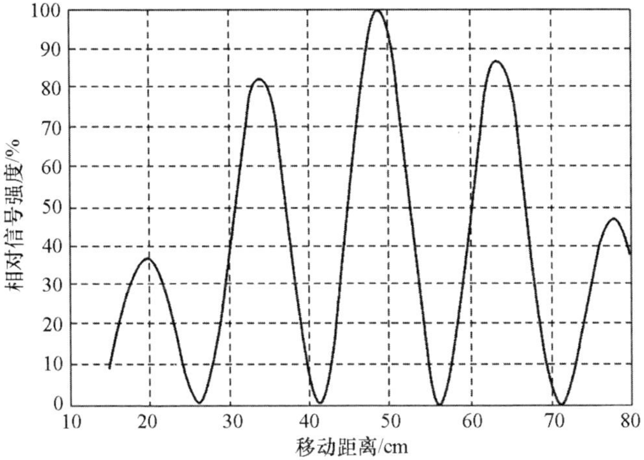

9. 两个同频雷达辐射天线沿南北方向放置，间距为 100 m，发射电磁波的频率为 1.0 MHz。在距离两个雷达辐射天线连线中点的东方 1 km 处放置一个雷达信号接收器，接收到最强的信号。计算该接收器向南或向北方向再移动多长距离时第一次接收到最弱的信号。

10. 在洛埃镜干涉实验中，点光源 S_1 通过反射镜成像 S_2，在观察屏 L_1L_2 上可以看到由 S_1 和 S_2 发出的光波的干涉条纹，a 和 b 分别表示反射镜的两个端点。设点光源发射波长 $\lambda =$

600 nm 的单色光波，$S_1p=1$ mm，$pa=50$ mm，$ab=50$ mm，$bO=200$ mm，如下图所示。

（1）分析计算在观察屏 L_1L_2 上可以看到的条纹区域。

（2）计算可以观测到的条纹数。

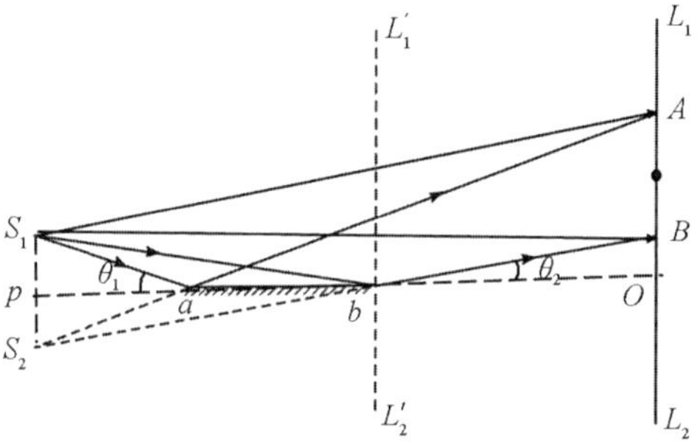

11. 菲涅耳双棱镜实验中，平行光垂直入射双棱镜的一个表面，如下图所示，入射光通过双棱镜的上下两个部分，形成向下倾斜和向上倾斜的两束光波，折射光在空间交叠，形成干涉，等效两束分别向下和向上倾斜平面波的干涉。设棱镜的折射率为 n，双棱镜棱角 α 为一小量。

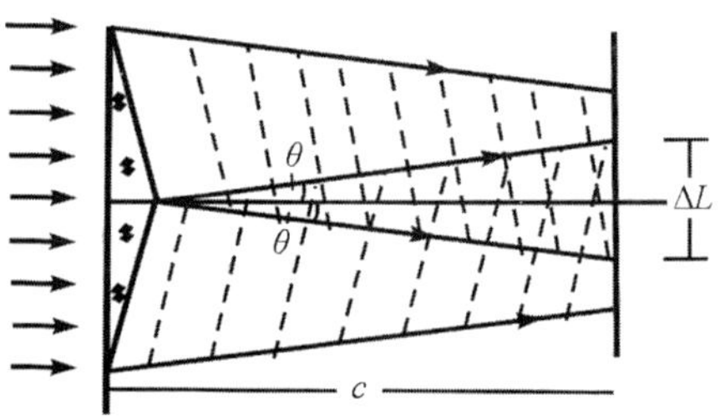

（1）证明向上倾斜和向下倾斜角为 $\theta=(n-1)\alpha$。

（2）求向上向下倾斜的两列光波的干涉强度。

12. 菲涅耳双棱镜实验中，点光源 S 在双棱镜底边的延长线上，发射的光通过双棱镜上下棱镜的折射光在空间交叠，形成干涉，等效两个点光源 S_1 和 S_2 光发射光波的干涉，如下图所示。设棱镜的折射率为 n，棱角为 α。

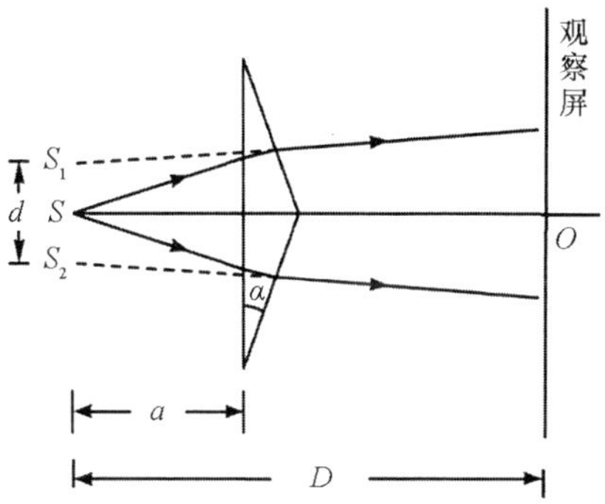

（1）证明点光源 S 的两个虚像 S_1 和 S_2 的间距 $d=2\alpha(n-1)\ a$。

（2）求点光源 S_1 和 S_2 在观察屏上干涉强度公式。

13. 假设在湖边设置一个通信卫星信号接收天线，当卫星刚从地平线上出现、向地面发送电磁波信号时，接收器将同时接收到直接来自卫星本身的信号和湖面反射的卫星信号，如下图所示。求当接收天线第一次探测到最强信号时，卫星与接收天线之间连成的直线相对水平面的夹角 α（卫星的方向角）和接收天线高度 h 的关系。

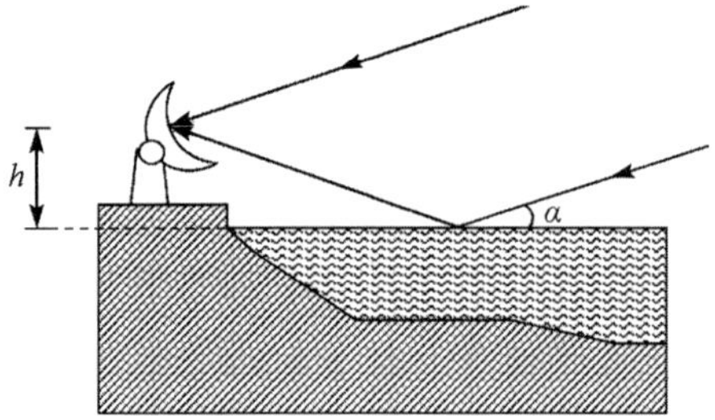

14. 如下图所示，平行光斜入射双孔，在观察屏上形成杨氏干涉。求双孔干涉强度分布公式和零级亮条纹的位置。假设观察区域满足傍轴近似条件。

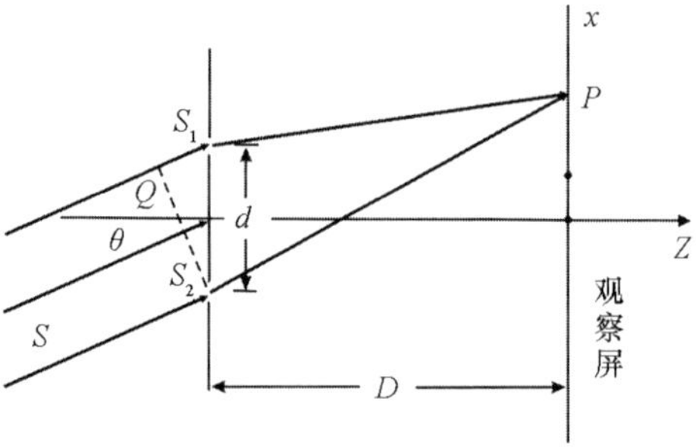

15. 在杨氏双缝干涉实验中，当利用白光照明时，在观察屏上某一位置观察干涉条纹，这个位置满足光程差为 800 nm 的条件。求在可见光区域内，这个位置对应亮条纹和暗条纹的光波长，并说明该亮条纹是什么颜色。

16. 试根据第 2 章中介质光强反射率，分析薄膜反射干涉时，在小角度入射情况下，可以只考虑前两条光线的相干叠加。

17. 如下图所示，设在折射率为 n_g 基底材料上镀一层折射率为 n_f 的薄膜，设 $n_a < n_f < n_g$。为使尽量多的光透射，要求反射光相消干涉，求反射光相消干涉时，薄膜的厚度满足的条件。如果想要尽量多的光被反射，薄膜应该满足什么条件？计算中假设光波正入射（为了清晰表示反射和折射光线，图中入射光线做了适当倾斜处理）。

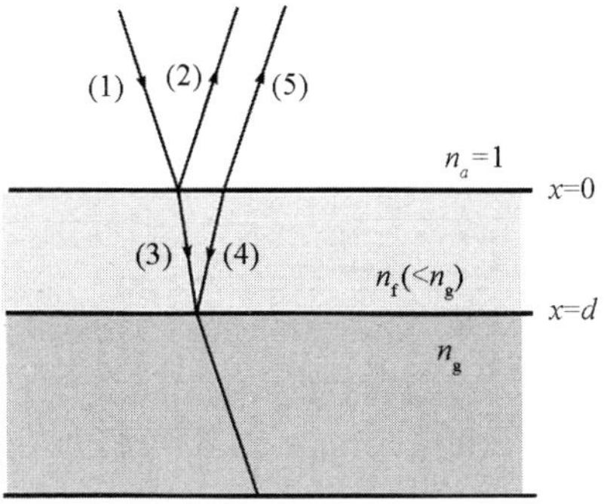

18. 在上题中，如果薄膜折射率大于基底材料的折射率，即 $n_a < n_f > n_g$，求反射光相消干涉和相长干涉时，薄膜的厚度满足的条件。

19. 在玻璃表面上涂一层折射率为 1.3 的透明薄膜，设玻璃折射率为 1.5。求：

（1）波长为 500 nm 的光正直入射该介质表面，膜厚最小应为多少才能使反射光干涉相消；

（2）对波长为 400 nm 的紫光和 700 nm 的红光来说，第（1）

问所得的厚度在两束反射相干光之间会产生多大的相位差（不考虑色散）。

20. 肥皂膜的反射光呈现绿色，这时膜的法线和视线的夹角约为 35°，试估算膜的最小厚度。设肥皂水的折射率为 1.33，绿光波长为 500 nm。

21. 如下图所示，Q 为标准平板，P 为待测的透明工件，圆形区域中是 P 与 Q 之间的楔形空气层所形成的等厚干涉条纹。请分析工件 P 中部凸出还是凹进的。为什么？

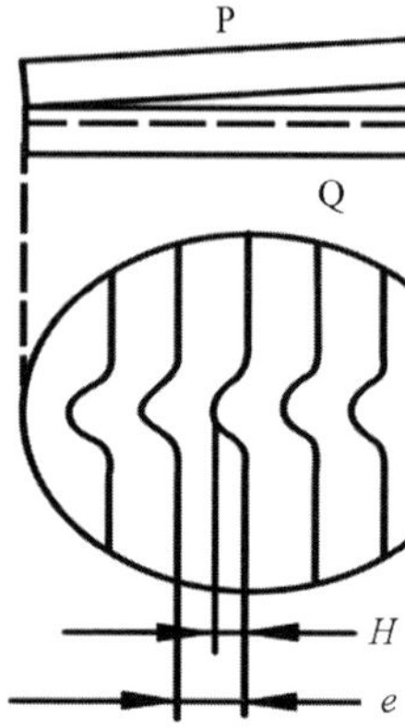

22. 块规是机械加工里用的一种长度标准，是一钢质长方体。它的两个端面经过磨平抛光，达到相互平行。下图中，G_1 和 G_2 是同规号的两个块规，G_1 的长度是标准的，G_2 是待校准件。校准方法如下：把 G_1 和 G_2 放在钢质平台面上，使面和面严密接触，G_1、G_2 上面用一块透明平板 T 压住。

如果 G_1 和 G_2 的高度（长度）不等，微有差别，则在 T 和 G_1、G_2 之间分别形成尖劈形空气层，它们在单色光照射下各产生等厚干涉条纹。

(1) 设入射光的波长是 5 389 Å，G_1 和 G_2 相隔 5 cm（即图中的 l），T 和 G_1、G_2 间干涉条纹的间距都是 0.5 mm，试求 G_2 和 G_1 的高度之差。怎样判断它们谁长谁短？

(2) 如果 T 和 G_1 间干涉条纹的间距是 0.5 mm，而 T 和 G_2 间的是 0.3 mm，说明什么问题？

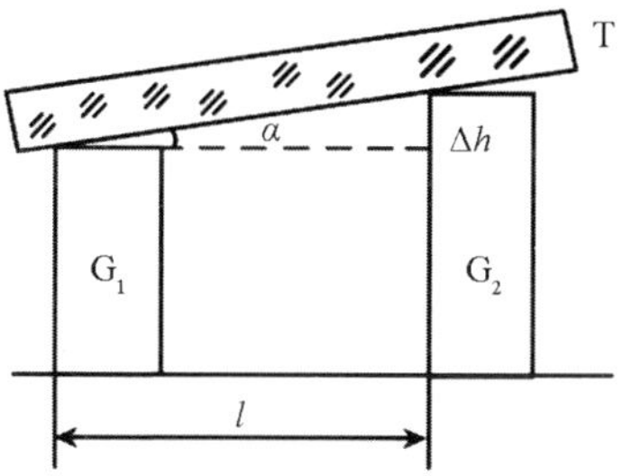

23. 两个平板玻璃叠放在一起，由于一微小细丝，在这两个平板玻璃间形成空气楔。当用波长为 600 nm 的光波垂直平板玻璃表面照射时，在 1 cm 的区域内可以观测到 11 个亮条纹。计算这两块平板玻璃的相对倾斜角。

24. 有一个厚 5 mm、直径 2 cm 的玻璃窗口，制造者声称它的每一面的平整度在 1/4 个汞绿线波长（$\lambda = 546$ nm）以内，而两面的平行度在 5″（$1'' = 4.85 \times 10^{-6}$ rad）以内。怎样测量这些性质以证实制造者的这些说明？可假设玻璃折射率 $n = 1.5$。

25. 一束平行光正入射牛顿环装置，测得第 16 级暗环的半径为 0.223 5 cm，计算该测量光波的波长。设平凸透镜的曲率半径为 50 cm。

26. 以波长为 600 nm 光波照射牛顿环装置，第 9 级和第 16 级亮环的半径是多少？设平凸透镜的曲率半径为 100 cm。

27. 在牛顿环实验中，实验光波包含 400 nm 和 400.2 nm 的两条频谱成分。条纹消失处的透镜与标注平行平板之间的空气厚度为多少？

28. 钠黄光包含 589 nm 和 589.6 nm 的两条光频谱线。用钠黄光做牛顿环实验时，如果将放在标准光学平板上的透镜缓慢往上升，当透镜上升的高度为多少时，条纹消失？

29. 使用一单色光源照明迈克尔逊干涉仪，当其中一个反射镜移动了 1.22×10^{-5} m 时，条纹随之发生了 92 次明暗交替的变化，请计算该单色光源的波长。

30. 用迈克尔逊干涉仪进行精密测长，光源为 6 328 Å 的氦氖激光，其谱线宽度为 10^{3} Å，整机接收（光电转换）灵敏度可达 1/10 个条纹。这台仪器测长精度为多少？一次测长量程为多少？

31. 用迈克尔逊干涉仪观测等倾干涉条纹的变化，先看到干涉场中有 12 个亮环，且中心是亮的，移动平面镜 M_1 后，看到中心吞（吐）了 10 环，且此时干涉场中还剩有 5 个亮环。实验中采用钠光（5 893 Å）。试求：

（1）M_1 移动的距离；

（2）开始时中心亮斑的干涉级；

（3）M_1 移动后，从中心向外数第 5 个亮环的干涉级。

32. FP 腔用于选频，使用宽光谱照明时，相干长度很短，而经过 FP 腔多次反射后其光程远大于入射光的相干长度。为什么透射多光束可以作为相干叠加处理？

33. 有两个波长 λ_1 和 λ_2，在 6 000 Å 附近相差 0.001 Å，要用 FP 干涉仪把它们分辨开来，间隔 h 至少需要多大？设反射率 $R=0.95$。

34. 在一个折射率为 1.54 的玻璃上镀制增透膜，要求能使波长为 550 nm 的光波正入射时反射率为 0，请计算所选用膜层材料的折射率应该为多少？最小的膜层厚度为多少？假设增透膜的折射率小于玻璃衬底的折射率。

35. K9 玻璃是可见光成像中常用的光学材料，在常温下对波长 550 nm 的光的折射率为 1.518 5。有一台数码相机的镜头由 3 片 K9 透镜组成，假设光波为正入射情形。

（1）如果没有镀制增透膜，光能量的损失是多少（不考虑材料对光的吸收）？

（2）可以镀制折射率为多少的增透膜来最大限度地减小光能量的损失？

36. 杨氏双缝干涉实验中，假设双孔间距 $d=10$ mm，观察屏距双孔距离 $D=2$ m。请计算采用白炽灯和汞灯照明的情况下，最多可以观察到的最大级次干涉条纹是多少？白炽灯和汞灯中心波长分别为 550 nm 和 546.1 nm、相干长度分别为0.001 mm和 0.06 mm。

37. 一个直径为 1 cm 的扩展光源，如果用干涉孔径角来描述，其空间相干范围为多少弧度？取光波长为 550 nm。

38. 设一扩展光源尺度为 5 mm，在离扩展光源多远时，相距 20 mm 的空间横向两个位置的辐射光波场是相干的？假设光源波长为 550 nm。

39. 氪辐射的橙色谱线的波长为 605.8 nm，干涉实验测得其谱线的相干长度为 200 mm。则氪的橙色谱线的线宽为多少？

40. 如下图所示，两个点光源相隔 1 mm，发射光波的中心波长为 500 nm，假设两个点光源发射光波的波长差为 $\Delta\lambda$。当 $\Delta\lambda$ 满足什么条件时，在 P 点附近可以观测到清晰的干涉条纹？假设 $D \gg d$。

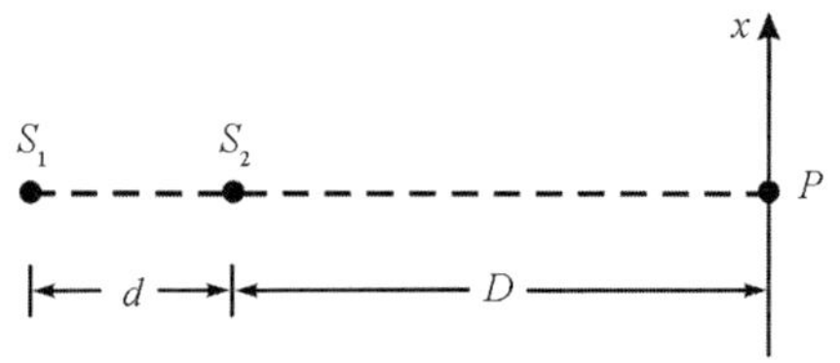

41. 在杨氏双缝干涉实验中，光源采用钠黄光，钠黄光包含 589 nm和 589.6 nm 两条谱线。以双孔对称轴与观察屏交点为

对称中心，可以观测到双缝干涉条纹，如下图所示。在离对称中心点多远的位置，干涉条纹会消失？设 $d=5\ \mathrm{mm}$，$D=20\ \mathrm{cm}$。

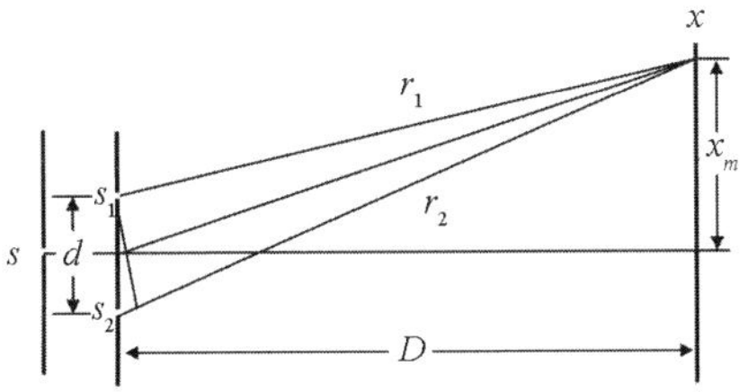

42. 人们研制的相干性最好的氦氖激光的线宽小于 20 Hz，该激光的相干长度为多少？氦氖激光波长为 632. 8 nm。

解答

1. **解：** 两列光波的叠加波为

$$
\begin{aligned}
\boldsymbol{E}(\boldsymbol{r},t) &= \boldsymbol{E}_1+\boldsymbol{E}_1 \\
&= \boldsymbol{E}_0\cos(\boldsymbol{k}\cdot\boldsymbol{r}-\omega t+\varphi_{10})+\boldsymbol{E}_0\cos(\boldsymbol{k}\cdot\boldsymbol{r}-\omega t+\varphi_{20}) \\
&= 2\boldsymbol{E}_0\cos\frac{\varphi_{10}-\varphi_{20}}{2}\cos(\boldsymbol{k}\cdot\boldsymbol{r}-\omega t+\varphi_0)
\end{aligned}
$$

式中，$\varphi_0=\dfrac{\varphi_{10}+\varphi_{20}}{2}$。这里应用了三角函数公式

$$\cos\alpha+\cos\beta=2\cos\frac{\alpha+\beta}{2}\cos\frac{\alpha-\beta}{2}$$

从两束光波叠加表达式看到，叠加波的频率不变，传播方向不变，与单列波的表达式的形式相同，只是初相位改变，振幅变为 $2\boldsymbol{E}_0\cos\frac{\varphi_{10}-\varphi_{20}}{2}$。

若这两列光波的相位差为 $2m\pi$（$m=0, 1, 2, \cdots$），则叠加光波振幅为单列波的2倍，强度为4倍。若这两列光波的相位差为（$2m+1$）π（$m=0, 1, 2, \cdots$），则叠加光波振幅为零。

2. **解**：这两列平面波的叠加波为

$$\begin{aligned}U_1(\boldsymbol{r}, t) &= U_1(\boldsymbol{r}, t) + U_2(\boldsymbol{r}, t)\\ &= A_0 e^{i(\boldsymbol{k}\cdot\boldsymbol{r}-\omega t+\varphi_{10})} + A_0 e^{i(\boldsymbol{k}\cdot\boldsymbol{r}-\omega t+\varphi_{20})}\\ &= A_0\left(e^{i\varphi_{10}}+e^{i\varphi_{20}}\right)e^{i(\boldsymbol{k}\cdot\boldsymbol{r}-\omega t)}\\ &= 2A_0\cos\frac{\varphi_{20}-\varphi_{10}}{2}e^{i(\boldsymbol{k}\cdot z-\omega t+\varphi_0)}\end{aligned}$$

式中，$\varphi_0=\frac{\varphi_{10}+\varphi_{20}}{2}$。复数形式的光波叠加与上题结果相同，但计算更为方便。讨论偏振方向相同的光波叠加时一般采用复数形式。

3. **解**：当 $z=D$ 时，傍轴近似条件下，球面波近似为

$$U_1\approx\frac{A}{D}e^{ik\left(D+\frac{x^2+y^2}{2D}\right)}$$

在 $z=D$ 的平面上，两列光波的叠加为

$$U=U_1+U_2=\frac{A}{D}e^{ik\left(D+\frac{x^2+y^2}{2D}\right)}+Ae^{ikD}$$

$$=A\mathrm{e}^{\mathrm{i}kD}\left(\frac{1}{D}\mathrm{e}^{\mathrm{i}k\frac{x^2+y^2}{2D}}+1\right)$$

两列光波的相干叠加光强为

$$I=A^2\left(1+\frac{1}{D^2}\right)+\frac{2A^2}{D}\cos\left(k\frac{x^2+y^2}{2D}\right)$$

4. **解**：(1) 由题意两点光源发射球面波的复振幅为

$$U_1(x,\ y,\ z)=\frac{A_0}{r_1}\mathrm{e}^{\mathrm{i}kr_1}\approx A\mathrm{e}^{\mathrm{i}kr_1}$$

$$U_2(x,\ y,\ z)=\frac{A_0}{r_2}\mathrm{e}^{\mathrm{i}kr_2}\approx A\mathrm{e}^{\mathrm{i}kr_2}$$

干涉场强分布为

$$I(x,\ y,\ z)=(U_1+U_2)(U_1+U_2)^*$$
$$=2A^2\left[1+\cos(k\Delta L)\right]$$

光程差为

$$\Delta L=r_1-r_2=\sqrt{x^2+y^2+(z+R_1)^2}-\sqrt{x^2+y^2+(z+R_2)^2}$$

式中，$R_1=d+D$，$R_2=D$。

$z=0$ 时，假设观察区域满足傍轴近似 R_1^2，$R_2^2\gg x^2+y^2$，光程差近似为

$$\Delta L=\sqrt{x^2+y^2+R_1^2}-\sqrt{x^2+y^2+R_2^2}$$
$$=R_1\left(1+\frac{x^2+y^2}{2R_1^2}\right)-R_2\left(1+\frac{x^2+y^2}{2R_2^2}\right)$$
$$=(R_1-R_2)+\frac{x^2+y^2}{2}\left(\frac{1}{R_1}-\frac{1}{R_2}\right)$$
$$\approx 0.5-10^{-6}(x^2+y^2)$$

干涉场强分布为

$$I(x,\ y,\ z)\ =2A^2\ \{1+\cos[0.5k-10^{-6}k\ (x^2+y^2)\ ]\}$$

(2) 因为常数项 $0.5k$ 对条纹分布的间距无影响，故可忽略。当 $x=y=0$ 时，相位差为零，此时为零级亮条纹。

(3) 亮条纹满足

$$10^{-6}k\ (x^2+y^2)\ =10^{-6}\times\frac{2\pi}{500\times10^{-6}}\times\ (x^2+y^2)$$

$$=2\pi m$$

当 $m=1$ 时，为第 1 级亮条纹，条纹分布为圆环状。此时

$$x^2+y^2=500=r_0^2$$

即第 1 级亮条纹距离中心亮条纹的距离为

$$r_0=22.36\ \text{mm}$$

5. **解：** 由杨氏干涉强度分布公式

$$I=2I_0\left[1+\cos\left(k\,\frac{d}{D}x\right)\right]$$

相邻亮条纹间距满足

$$k\,\frac{d}{D}\ (x_{m+1}-x_m)\ =2\pi$$

即

$$\Delta x=\lambda\,\frac{D}{d}=\frac{600\ \text{nm}\times600\ \text{mm}}{0.6\ \text{mm}}=600\ \mu\text{m}$$

6. **解：** (1) 根据杨氏干涉条纹位置公式

$$x=\frac{D}{d}\lambda$$

紫光的第 2 级与红光第 1 级的条纹位置分别为

$$x_{紫2}=2\times380\ \text{nm}\times\frac{D}{d}$$

$$x_{红1}=760\ \text{nm}\times\frac{D}{d}$$

紫光的第 2 级与红光第 1 级的条纹位置重叠。因此，为了测量太阳光光谱中波长，主要考虑第 1 级。

对紫光 $\lambda_{紫1}=380\ \text{nm}$，第 1 级干涉条纹的位置为

$$x_{紫1}=380\ \text{nm}\times\frac{D}{d}$$

相邻的蓝光 $\lambda_{蓝1}=\left(380+\frac{760-380}{6}\right)\ \text{nm}\approx440\ \text{nm}$，第 1 级干涉条纹的位置为

$$x_{蓝1}=440\ \text{nm}\times\frac{D}{d}$$

由于所用显微镜可分辨的相邻颜色条纹间距大于 0.01 mm，相邻两种颜色光形成的 1 级干涉条纹间距应该满足

$$\Delta x=x_{蓝1}-x_{紫1}=(440-380)\ \text{nm}\times\frac{D}{d}>0.01\ \text{mm}$$

杨氏双缝干涉装置中双孔间距 d 和观察屏与双孔的距离 D 满足的关系为

$$D>167d$$

（2）由杨氏干涉公式，条纹干涉最大位置满足

$$x_m=m\times\frac{D}{d}\lambda$$

以蓝光为例，分别测量蓝光第1级和第2级条纹的位置

$$x_{蓝1}=\frac{D}{d}\lambda_{蓝}$$

$$x_{蓝2}=2\frac{D}{d}\lambda_{蓝}$$

由相邻条纹位置差得到相应颜色光波波长

$$\lambda_{蓝}=(x_{蓝2}-x_{蓝1})\frac{d}{D}$$

7. **解：**(1) 由于在其中一个狭缝前方放置了玻璃片，使得该光路上的光束产生附加相位差

$$\delta=\frac{2\pi(n-1)t}{\lambda}$$

杨氏干涉强度为

$$I=2I_0\left[1+\cos\left(k\frac{d}{D}x+\delta\right)\right]$$

所以中心位置 $x=0$，干涉强度分布公式为

$$I=2I_0(1+\cos\delta)$$

当 $\delta=\dfrac{2\pi(n-1)t}{\lambda}=(2m+1)\pi\ (m=1,2,\cdots)$

时，即

$$t=\frac{\left(m+\frac{1}{2}\right)\lambda}{n-1}\quad(m=1,2,\cdots)$$

时，中心点干涉强度为零。

当 $\delta=\dfrac{2\pi(n-1)t}{\lambda}=2m\pi\ (m=1,2,\cdots)$ 时，即

$$t=\frac{m\lambda}{n-1}\quad (m=1,\ 2,\ \cdots)$$

时，中心位置干涉强度最大，$I=4I_0$。

(2) 中心的亮条纹为第 4 级，有：

$$\delta=\frac{2\pi(n-1)t}{\lambda}=2\times 4\pi$$

$$\Rightarrow t(n-1)=4\lambda$$

得玻璃片厚度为

$$t=\frac{4\lambda}{n-1}=4\ \mu m$$

8. **解：** (1) 按题意，绘制声波强度测量布局示意图如下

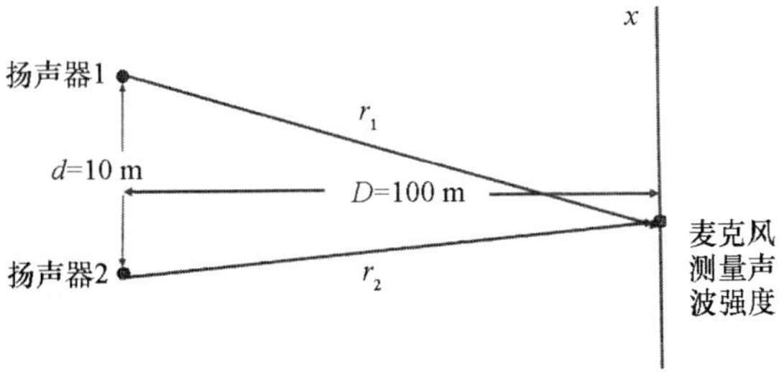

(2) 由声波强度测量布局示意图，麦克风测量声波的强度等效为两个点声波源产生的干涉强度：

$$I(x,\ y)=2I_0\{1+\cos[k(r_2-r_1)]\}$$

由于 $D\gg d$，满足傍轴近似条件，上式可以简化为

$$I(x,\ y)=2I_0\left[1+\cos\left(k\frac{d}{D}x\right)\right]$$

根据条纹间距公式

$$\Delta x=\frac{D}{d}\lambda$$

由习题图有相邻最强声波间距为 $\Delta x\approx 15\ \text{cm}$，又 $D=100\ \text{m}$，$d=10\ \text{m}$，代入上式，求得：

$$\lambda\approx 1.5\ \text{cm}$$

$$f=\frac{v}{\lambda}\approx 22.8\ \text{kHz}$$

9. **解**：根据题意，信号接收器与天线的距离 D 与同频天线间的距离 d 满足 $D\gg d$，因此两个同频雷达天线辐射等效杨氏干涉实验干涉，接收器测量的强度满足

$$I=2I_0\left[1+\cos\left(k\frac{d}{D}x\right)\right]$$

由 $d=100\ \text{m}$，$D=1\ 000\ \text{m}$，$f=1\times 10^6\ \text{Hz}$，$\lambda=\frac{c}{f}=300\ \text{m}$，当接收器向南或向北方向再移动距离为

$$\frac{2\pi}{\lambda}\frac{d}{D}\Delta x=\pi$$

$$\Delta x=\frac{D}{2d}\lambda=\frac{1\ 000}{2\times 100}\times 300\ \text{m}=1\ 500\ \text{m}$$

时，第一次接收到最弱的信号。

10. **解**：(1) 点光源 S_1 经过反射镜 a 点后反射的光与观察屏的交点为 A，经过反射镜 b 点后反射的光与观察屏的交点为 B，反射镜反射光与点源 S_1 发射的光在 AB 区域交叠，如下图所示。

根据反射定理和三角形关系，可以求得：

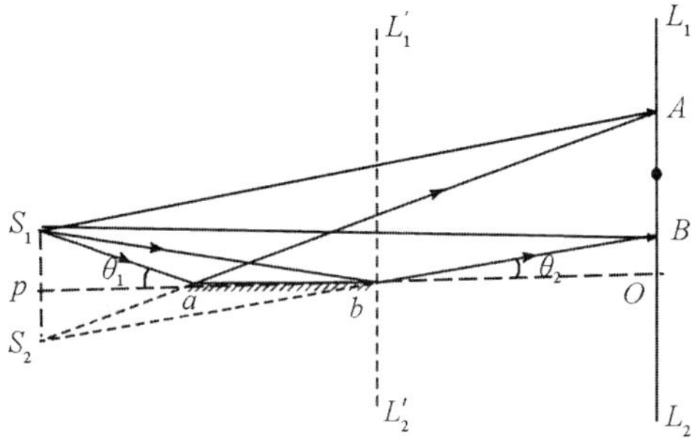

$$OA = Oa \cdot \tan\theta_1 = (50+200) \times \frac{1}{50}\ \text{mm} = 5\ \text{mm}$$

$$OB = Ob \cdot \tan\theta_2 = 200 \times \frac{1}{50+50}\ \text{mm} = 2\ \text{mm}$$

可以观察到的条纹区域为 $AB = 3$ mm 的区间内。

(2) 在观察屏上看到的条纹等效于由 S_1 和 S_2 发出的光干涉产生的条纹，即等效双孔杨氏干涉，其相邻干涉条纹间距为

$$\Delta x = \frac{D}{d}\lambda = \frac{Op}{S_1S_2}\lambda = \frac{300\ \text{mm}}{2\ \text{mm}} \times 600\ \text{nm} = 0.09\ \text{mm}$$

在 $AB = 3$ mm 的区域内可以观测到的条纹数为

$$n = \frac{AB}{\Delta x} = \frac{3}{0.09} \approx 33$$

11. **解**：在双棱镜的上半部分的入射光，相对棱镜的斜边的入射角为 α，如下图所示。由折射定律，折射角 i 满足

$$n\sin\alpha = \sin i$$

因为棱角 α 为小量，有

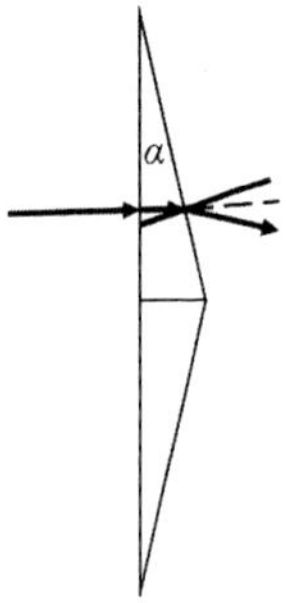

$$\sin\alpha \approx \alpha$$

$$\sin i \approx i$$

$$i \approx n\alpha$$

通过右图可知，折射光相对入射光的偏转角为

$$\theta = i - \alpha \approx n\alpha - \alpha = (n-1)\alpha$$

(2) 向上倾斜和向下倾斜的平面波的波函数分别为

$$U_1 = A\mathrm{e}^{\mathrm{i}(kx\sin\theta + kz\cos\theta)}$$

$$U_2 = A\mathrm{e}^{\mathrm{i}(-kx\sin\theta + kz\cos\theta)}$$

这两列平面波的干涉强度为

$$I = |U_1 + U_2|^2 = 2A^2[1 + \cos(2kx\sin\theta)]$$

$$\approx 2A^2\{1 + \cos[2(n-1)\alpha kx]\}$$

12. **解**：(1) 考虑相对棱镜较远，点光源相对双棱镜发光区域较小，从点光源发射光在双棱镜前表面的入射角 i_1 较小，如右图所示，在前表面的折射角为 i_2，由折射定律，在较小角条件下有

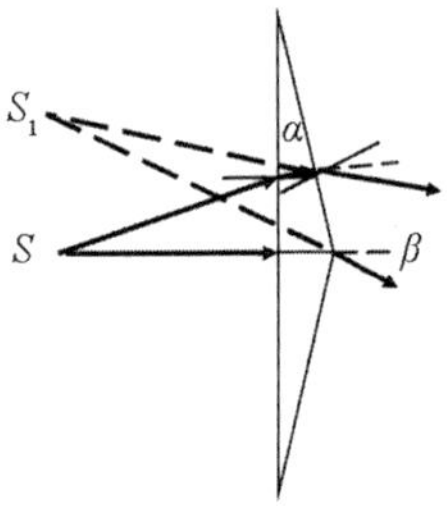

$$\sin i_1 = n\sin i_2 \quad \Rightarrow \quad i_1 \approx n i_2$$

在棱镜的斜边折射时，入射角为 $\alpha - i_2$，折射角为 i_3。由折射定律，小角度条件下，有

$$n\sin(\alpha - i_2) = \sin i_3 \quad \Rightarrow \quad n(\alpha - i_2) \approx i_3$$

由上两式，得到通过棱镜折射后相对水平线产生的偏折角度为

$$\beta' = i_3 - \alpha$$

通过棱镜折射后相对入射光线产生的偏折角度为

$$\beta = \beta' + i_1 \Rightarrow \beta \approx i_3 - \alpha + i_1 = n(\alpha - i_2) - \alpha + ni_2 = (n-1)\alpha$$

上式同时表明，点光源在较小区域内发射的光波，通过棱镜折射相对发射光线产生相同的偏转角，通过折射形成虚像 S_1 和 S_2（上图只给出了上棱镜的虚像）。由水平发射光线，虚像 S_1 相对轴线上的点光源 S 距离为

$$d_1 = a\tan\beta \approx a(n-1)\alpha$$

因此，虚像 S_1 和 S_2 的相对间距为

$$d = 2d_1 = 2a\tan\beta \approx 2a(n-1)\alpha$$

（2）点光源 S_1 和 S_2 光波在交叠区产生的干涉，等效杨氏双孔干涉产生的效果。干涉强度为

$$I(P) = 2A_0^2\left[1 + \cos\left(k\frac{d}{D}x\right)\right] = 2A_0^2\left[1 + \cos\left(k\frac{2a(n-1)\alpha}{D}x\right)\right]$$

13. **解**：如下图所示，由 A 点作垂线交 C 点，则 AB 和 BC 的长度分别为

$$\overline{AB} = \frac{h}{\sin\alpha}$$

$$\overline{BC} = \overline{AB}\cos 2\alpha$$

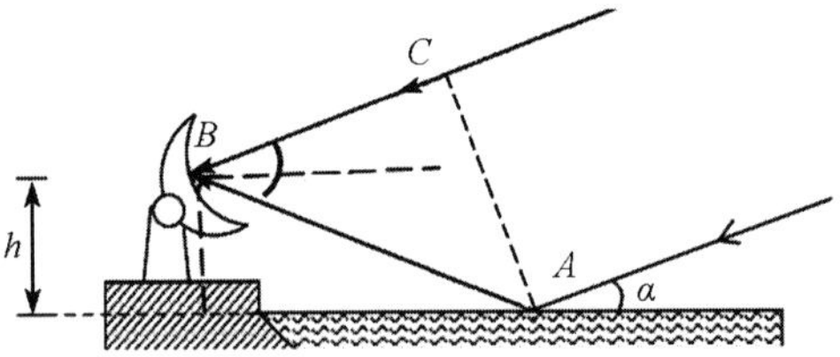

雷达信号接收器同时接收到的直接来自卫星本身的信号和水面反射的卫星信号之间的光程差包含两部分：一部分由于传输距离不同产生的光程差；另一部分为由于水面反射产生的半波损失。则总的光程差为

$$\Delta L = \overline{AB} - \overline{BC} + \frac{\lambda}{2} = \frac{h}{\sin\alpha}(1 - \cos 2\alpha) + \frac{\lambda}{2} = 2h\sin\alpha + \frac{\lambda}{2}$$

第一次观察到最强信号时，光程差满足

$$\Delta L = \lambda \Rightarrow 2h\sin\alpha + \frac{\lambda}{2} = \lambda$$

第一次接收到最强信号时，卫星的方向角 α 与接收天线高度 h 的关系为

$$\sin\alpha = \frac{\lambda}{4h}$$

14. **解**：如题所示，平行光斜入射双孔时的杨氏干涉，其光程差为

$$\Delta L = S_2P - (QS_1 + S_1P) = (S_2P - S_1P) - QS_1$$

傍轴近似条件下，由杨氏干涉计算可知

$$S_2P - S_1P \approx \frac{d}{D}x$$

由题图可知

$$QS_1 = d\sin\theta$$

平行光斜入射条件下，双孔干涉场强分布为

$$\begin{aligned} I(x, y, z) &= 2A_0^2 [1 + \cos(k\Delta L)] \\ &= 2A_0^2\left[1 + \cos\left(k\frac{dx}{D} - kd\sin\theta\right)\right] \end{aligned}$$

当 $k\frac{dx}{D} - kd\sin\theta = 2\pi m$ 时，干涉最大。当 $m = 0$ 时，零级亮条纹位置为

$$x_0 = D\sin\theta$$

15. **解：** 由杨氏干涉光程差干涉，光程差为 800 nm 的位置为

$$\Delta L = \frac{d}{D}x \Rightarrow x = \frac{D}{d} \times 800\ \text{nm}$$

当观察位置为亮条纹时，光程差满足

$$\Delta L = \frac{d}{D}x = m\lambda \Rightarrow x = \frac{d}{D}m\lambda$$

由上两式得到亮条纹可见光波长满足

$$\lambda = \frac{1}{m} \times 800\ \text{nm}$$

可见光的波长范围为 760 ~ 380 nm。

只有当 $m = 2$ 时，$\lambda = \frac{1}{2} \times 800\ \text{nm} = 400\ \text{nm}$，才满足题意，所以亮条纹为紫色。

当观察位置为暗条纹时，光程差满足

$$\Delta L = \frac{d}{D}x = \left(m + \frac{1}{2}\right)\lambda \Rightarrow x = \frac{D}{d}\left(m + \frac{1}{2}\right)\lambda$$

得到相干相消的可见光波长

$$\lambda=\frac{2}{(2m+1)}\times 800\ \text{nm}$$

只有当 $m=1$ 时，$\lambda=\frac{2}{3}\times 800\ \text{nm}\approx 533.33\ \text{nm}$，才符合意义，即绿光为相干相消。

16. **解：** 光束在介质前后表面反射形成反射多光束，如下图所示。

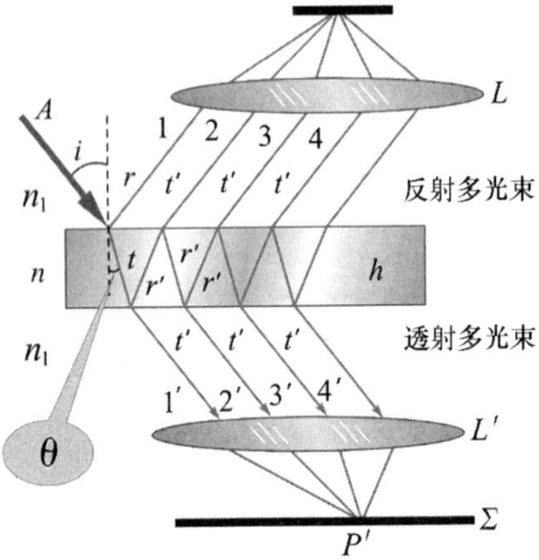

则反射光振幅为

$$\tilde{U}_1=rA_0=-r'A_0$$

$$\tilde{U}_2=r'(tt')e^{i\delta}A_0$$

$$\tilde{U}_3=r'^3(tt')e^{i2\delta}A_0$$

$$\tilde{U}_4=r'^4(tt')e^{i3\delta}A_0$$

…

相对入射光的反射率为

$$R_1 = |r'|^2$$

$$R_2 = |r'(tt')|^2$$

$$R_3 = |r'^3(tt')|^2$$

$$R_4 = |r'^4(tt')|^2$$

$$\cdots$$

以玻璃介质为例，介质界面光强反射率随入射角的变化规律如下图所示，在较小入射角时光强反射率约为 4%，此时透射率约为 96%。

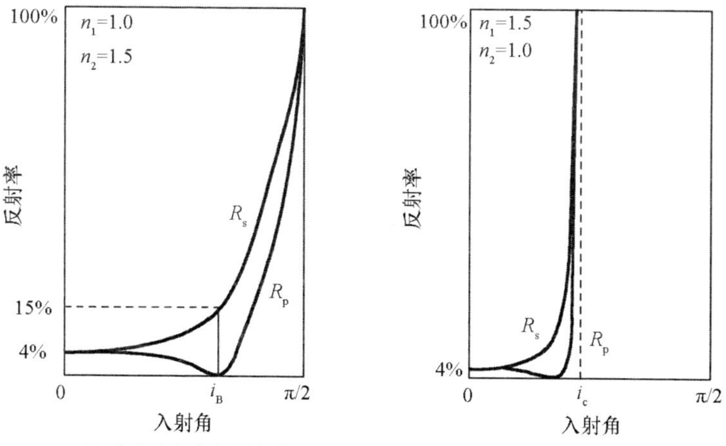

(a) 空气/玻璃介质界面　　(b) 玻璃/空气介质界面

由上式可知，前两项反射光强近似相等，第 3 项开始反射光强迅速下降。每次反射光相对强度如下表所示，仅有前两条光线的强度较接近，其余光线强度已经非常微弱，因此薄膜干涉计算时只考虑上下表面前两条光线的相干叠加。

界面反射率	I_{r1}	I_{r2}	I_{r3}	I_{r4}
0.04（未镀膜）	0.04	0.037	6×10^{-5}	9×10^{-8}

17. **解：** 由于薄膜折射率 n_f 满足 $n_a < n_f < n_g$，薄膜上表面反射光（2）与薄膜下表面反射光（5）没有半波损失，两者的光程差为

$$\Delta L = 2n_f d$$

为了使薄膜取得增透效果，要求反射光相消干涉，薄膜厚度应满足

$$\Delta L = 2n_f d = (2m+1)\frac{\lambda}{2}$$

$$\Rightarrow \quad d = \frac{(2m+1)\lambda}{4n_f} \qquad (m = 0, 1, 2, \cdots)$$

为了使薄膜取得增反效果，要求反射光相干加强，薄膜厚度应满足

$$\Delta L = 2n_f d = m\lambda$$

$$\Rightarrow \quad d = \frac{m\lambda}{2n_f} \qquad (m = 1, 2, 3, \cdots)$$

18. **解：** 由于薄膜折射率 n_f 满足 $n_a < n_f > n_g$，薄膜上表面反射光（2）相对薄膜下表面反射光（5）有半波损失，两反射光的光程差为

$$\Delta L = 2n_f d + \frac{\lambda}{2}$$

为了使薄膜取得增透效果，要求反射光相消干涉，薄膜厚度应满足

$$\Delta L = 2n_f d + \frac{\lambda}{2} = (2m+1)\frac{\lambda}{2}$$

$$\Rightarrow \quad d = \frac{m\lambda}{2n_f} \quad (m = 1,\ 2,\ \cdots)$$

为了使薄膜取得增反效果，要求反射光相干加强，薄膜厚度应满足

$$\Delta L = 2n_f d + \frac{\lambda}{2} = m\lambda$$

$$\Rightarrow \quad d = \frac{(2m-1)\lambda}{4n_f} \quad (m = 1,\ 2,\ 3,\ \cdots)$$

19. **解**：(1) 由于薄膜折射率小于玻璃衬底折射率，由题 17 的结果，反射光相消干涉时，薄膜最小厚度为

$$d = \frac{\lambda_{绿}}{4n_f} = \frac{500\ \text{nm}}{4 \times 1.3} \approx 96.2\ \text{nm}$$

(2) 对于波长为 400 nm 的紫光，产生的相位差为

$$\Delta\varphi_{紫} = k\Delta L = \frac{2\pi}{\lambda_{紫}} \cdot 2n_f d = \frac{2\pi}{\lambda_{紫}} \cdot 2n_f \cdot \frac{\lambda_{绿}}{4n_f}$$

$$= \frac{\lambda_{绿}}{\lambda_{紫}} \times \pi = 1.25\pi$$

对于波长为 700 nm 的红光，产生的相位差为

$$\Delta\varphi_{红} = \frac{\lambda_{绿}}{\lambda_{红}} \times \pi = \frac{500}{700} \times \pi \approx 0.71\pi$$

20. **解：** 肥皂膜上下表面为空气，因此，肥皂膜上下表面反射光的光程差包含几何路程和半波损失

$$\Delta L = 2nh\cos i + \frac{\lambda}{2}$$

反射光呈现绿色时，说明该光波反射干涉增强，光程差满足

$$\Delta L = 2nh\cos i + \frac{\lambda}{2} = m\lambda$$

$$h = \frac{(2m-1)}{4n\cos i}\lambda$$

所以膜的最小厚度为

$$h = \frac{\lambda}{4n\sqrt{1-\left(\frac{\sin i_\lambda}{n}\right)^2}} = \frac{500\ \text{nm}}{4\times 1.33\times\sqrt{1-\left(\frac{\sin 35^\circ}{1.33}\right)^2}} \approx 104.2\ \text{nm}$$

21. **答：** 这是楔形空气层形成的等厚干涉条纹，同一级次的条纹所在的位置，其所对应的空气层的厚度应该是相等的，所以从图中条纹可以判断出工件 P 中部应该是凹进去的。

22. **解：**（1）由楔形板等厚干涉公式，楔角 α 与相邻条纹间距 Δx 关系为

$$\alpha = \frac{\lambda}{2\Delta x}$$

两块规的高度差为

$$\Delta h \approx \alpha l = \frac{\lambda}{2\Delta x} l \approx 26.95\ \mu\text{m}$$

为了判断哪块高，轻按标准板 T 的中部。由图可知偏

高的规块与标准件 T 的夹角 α 变大，形成的条纹间距 $\Delta x\approx\frac{\lambda}{2\alpha}$变密；偏低的规块端的情形正好相反。因此，可以通过规块两端条纹疏密变化判断它们的相对高度。

（2）这说明 G_2 上下两表面有不平行度，致使其上表面并不严格平行 G_1 的上表面，造成两边空气层劈角不等，劈角差（用以量度不平行度）为

$$\Delta\alpha=\alpha_2-\alpha_1=\left(\frac{1}{\Delta x_2}-\frac{1}{\Delta x_1}\right)\frac{\lambda}{2}=\left(\frac{1}{0.3\ \text{mm}}-\frac{1}{0.5\ \text{mm}}\right)\cdot\frac{\lambda}{2}$$

$$\approx 3.593\times10^{-4}\ \text{rad}$$

23. **解：** 设两块平板玻璃的相对倾斜角为 α。由题意，相邻条纹间距为

$$\Delta x=\frac{1\ \text{cm}}{11-1}=1\ \text{mm}$$

又由相邻条纹的间距差

$$\Delta h=\frac{\lambda}{2}$$

而

$$\Delta x=\frac{\Delta h}{\alpha}$$

得

$$\alpha=\frac{\Delta h}{\Delta x}=\frac{\lambda}{2\Delta x}=\frac{600\ \text{nm}}{2\times1\ \text{mm}}=3\times10^{-4}\ \text{rad}$$

24. **解：** 简单方法是使汞绿线平行光波垂直接近玻璃窗口表面，通过观测等厚干涉的办法加以粗略检验。

当平行光垂直照射玻璃窗口表面时，相邻暗条纹或亮条纹的间距为

$$\Delta x \approx \frac{\lambda}{2n\alpha} = = \frac{546 \times 10^{-6}\ \text{mm}}{2 \times 1.5 \times \ (5 \times 4.85 \times 10^{-6}\ \text{rad})} \approx 7.5\ \text{mm}$$

所以只要条纹间距大于 7.5 mm，则平行度就如制造者所说的那样玻璃窗口两面的平行度在 5″以内。

另一方面，制造者声称它的每一面的平整度在 1/4 个汞绿线波长（$\lambda = 546$ nm）以内，即该玻璃窗口的最大厚度差为

$$\Delta d_{\max} = \frac{\lambda}{4}$$

而相邻亮条纹或暗条纹间的厚度差为

$$\Delta d = \frac{\lambda}{2n} = \frac{\lambda}{3}$$

亮条纹与相邻暗条纹间的厚度差为

$$\begin{cases} d_{亮} = \dfrac{(m+1/2)}{2n}\lambda \\ d_{暗} = \dfrac{m\lambda}{2n} \end{cases} \Rightarrow \quad \Delta d_{亮-暗} = \frac{\lambda}{4n} = \frac{\lambda}{6}$$

可见该玻璃窗口的最大厚度差满足

$$\Delta d_{亮-暗} < \Delta d_{\max} < \Delta d$$

该条件表示，当在玻璃窗口没有同时观察到两条亮条纹或两条暗条纹时，该玻璃窗口的平整度在 1/4 个汞绿线波长以内。

25. **解：** 考虑半波损失，第 m 级暗环半径为 r_m，对应的空气间

隙厚度为 h_m，满足

$$2h_m + \frac{\lambda}{2} = \left(m + \frac{1}{2}\right)\lambda$$

$$r_m^2 = (2R - h_m)h_m \approx 2h_m R$$

得到

$$r_m^2 = 2h_m R = m\lambda R$$

光波的波长为

$$\lambda = \frac{r_{16}^2}{16R} = \frac{0.2235^2}{16 \times 50}\ \text{cm} = 624.4\ \text{nm}$$

26. **解：** 考虑半波损失，第 m 级亮环半径为 r_m，对应的空气间隙厚度为 h_m，满足

$$2h_m + \frac{\lambda}{2} = m\lambda$$

$$r_m^2 = (2R - h_m)h_m \approx 2h_m R$$

得到亮条纹半径为

$$r_m^2 = 2h_m R = \left(m - \frac{1}{2}\right)\lambda R$$

$$r_m = \sqrt{\left(m - \frac{1}{2}\right)R\lambda}$$

第9级和第16级亮环的半径为

$$r_9 = \sqrt{\left(9 - \frac{1}{2}\right)R\lambda} = \sqrt{8.5 \times 10^3\ \text{mm} \times 600 \times 10^{-6}\ \text{mm}} \approx 2.26\ \text{mm}$$

$$r_{16} = \sqrt{\left(16 - \frac{1}{2}\right)R\lambda} \approx 3.05\ \text{mm}$$

27. **解：** 由牛顿环干涉亮条纹与暗条纹的厚度分别满足

$$\begin{cases} 2h_{m亮} = \left(m - \dfrac{1}{2}\right)\lambda \\ 2h_{m暗} = m\lambda \end{cases} \quad (m = 1，2，\cdots)$$

在相同的厚度处，当其中一条谱线的亮条纹与另一条谱线的暗条纹重叠时，条纹消失，即

$$2h_m = \left(m + \frac{1}{2}\right)\lambda_1$$

$$2h_m = m\lambda_2$$

得干涉条纹消失时的厚度满足

$$\frac{2h_m}{\lambda_1} - \frac{2h_m}{\lambda_2} = \left(m + \frac{1}{2}\right) - m = \frac{1}{2}$$

得

$$h_m = \frac{\lambda_1\lambda_2}{4\ (\lambda_2 - \lambda_1)} = \frac{400\ \text{nm} \times 400.2\ \text{nm}}{4 \times 0.2\ \text{nm}} \approx 0.2\ \text{mm}$$

28. **解：** 类似上题，透镜缓慢往上升，当其中一条谱线的亮条纹与另一条谱线的暗条纹重叠时，根据牛顿环干涉条纹厚度公式，亮条纹与暗条纹高度相等，应满足

$$2h_m = \left(m + \frac{1}{2}\right)\lambda_1$$

$$2h_m = m\lambda_2$$

得干涉条纹消失时的高度满足的条件为

$$\frac{2h_m}{\lambda_1} - \frac{h_m}{\lambda_2} = \left(m + \frac{1}{2}\right) - m = \frac{1}{2}$$

得

$$h_m=\frac{\lambda_1\lambda_2}{4\ (\lambda_2-\lambda_1)}=\frac{589\ \text{nm}\times 589.6\ \text{nm}}{4\times 0.6\ \text{nm}}\approx 0.14\ \text{mm}$$

29. **解：** 根据题意，当其中一个反射镜移动时，条纹随之发生了 92 次明暗交替的变化，表明有 46 次亮条纹或暗条纹的改变。由亮条纹或暗条纹改变次数与反射镜移动产生的光程差关系

$$2\Delta L=N\lambda$$

得到

$$\lambda=\frac{2\Delta L}{N}=\frac{2\times 1.22\times 10^{-5}\ \text{m}}{46}\approx 530\ \text{nm}$$

30. **解：** 干涉仪精密测长精度 δL 由接收灵敏度（可达一个条纹的分数 δN）决定。按题意 $\delta N=1/10$，得到该迈克尔逊干涉仪测长精度为

$$\delta L=\delta N\,\frac{\lambda}{2}=\frac{1}{20}\lambda=31.64\ \text{nm}$$

一次测长量程 L_{M} 由相干长度 L_0 所决定，而相干长度 L_0 可由谱线宽度 $\Delta\lambda$ 算出：

$$L_{\text{M}}=\frac{1}{2}L_0=\frac{1}{2}\frac{\lambda^2}{\Delta\lambda}\approx 2\ \mu\text{m}$$

31. **解：** 本题的意义在于通过条纹的移动，由条纹相对级别的变化来确定条纹的绝对级别。

（1）定性分析等效空气膜的厚度是增加了还是减少了。根据等倾干涉条纹公式

$$2h\cos i_m = m\lambda$$

相邻条纹的角间距为

$$\Delta i = \frac{\lambda}{2h\sin i_m}$$

由上式可知，当在相同视场（角范围）之内，条纹数目变小，条纹变稀，说明膜厚变薄。题目中条纹是向里吞了 10 环，因此位移绝对值为

$$\Delta h = N\frac{\lambda}{2} \approx 2.947\ \mu\text{m}$$

（2）等倾干涉中心级别最高，绝对数 m 取决于膜层厚度 h，而 m、h 以及视场角范围 i_m 开始时都是未知的。为此，考虑镜面移动前中心条纹和任意视场角范围 i_m 的条纹满足如下公式

$$2h = m\lambda \quad ①$$

$$2h\cos\theta = (m-12)\lambda \quad ②$$

根据（1）的讨论，可知镜面是向厚度减小的方向移动，这时中心条纹和任意视场角范围 i_m 的条纹满足如下公式

$$2(h-\Delta h) = (m-10)\lambda \quad ③$$

$$2(h-\Delta h)\cos\theta = (m-15)\lambda \quad ④$$

由式①和式②、式③和式④，分别得

$$m\lambda\cos\theta = (m-12)\lambda$$

$$(m-10)\lambda\cos\theta = (m-15)\lambda$$

以上两式相比，消去 $\cos\theta$，得方程

$$\frac{m-10}{m}=\frac{m-15}{m-12}$$

得到开始时中心条纹的级为

$$m\approx 17$$

(3) 显然，移动后中心亮环级别为

$$m'=m-10\approx 17-10=7$$

向外数第 5 个亮环的干涉级别为

$$m''=m'-5\approx 7-5=2$$

32. **解：** 当光在 FP 腔中时，只有波长满足 $\lambda_m=\dfrac{2h}{m}$ 的光波形成多光束，产生干涉叠加，且该谱线的宽度为

$$\Delta\lambda_m\approx\frac{\lambda_m^2}{2\pi nh}\frac{(1-R)}{\sqrt{R}}$$

即 FP 腔多光束相干具有挑选波长的作用。只有波长满足一定条件的单色光谱线被选中，参与透射场的相干叠加，因此在宽光谱条件下，透射多光束可以作为相干叠加处理。

33. **解：** FP 干涉仪属于多光束长程干涉仪，有很高的色分辨本领。在光波长为 λ 的 m 级可分辨的最小波长间隔为 $\delta\lambda$，满足以下关系（色分辨本领公式）

$$\frac{\lambda}{\delta\lambda}=\pi m\frac{\sqrt{R}}{1-R}$$

其中，干涉级 m 满足

$$2nh=m\lambda$$

按题意，由上两式得

$$h=\frac{1}{2n\pi}\frac{\lambda^2}{\delta\lambda}\frac{1-R}{\sqrt{R}}$$

将 $n=1$，$R=0.95$，$\lambda=600\ \text{nm}$，$\delta\lambda=10^{-4}\ \text{nm}$ 代入得

$$h=\frac{1}{2\pi}\times\frac{(600\ \text{nm})^2}{10^{-4}\ \text{nm}}\times\frac{1-0.95}{\sqrt{0.95}}\approx 29.4\ \text{mm}$$

34. **解：** 在薄膜折射率小于玻璃衬底的折射率时，为了制作增透膜，薄膜的反射光的相干叠加满足相消条件为

$$2n_2d=\left(m+\frac{1}{2}\right)\lambda$$

满足以上条件时，多光束反射率为

$$R_m=\left(\frac{r_{12}-r_{23}}{1-r_{12}r_{23}}\right)^2=\left(\frac{n_2^2-n_1n_3}{n_2^2+n_1n_3}\right)^2$$

由上两式，求得薄膜厚度与折射率为

$$\begin{cases}n_2=\sqrt{n_1n_3}\\ n_2d=\dfrac{2m+1}{4}\lambda_0\end{cases}$$

时，反射率为0，即为增透膜。将 $n_1=1$，$n_3=1.54$ 代入上两式，可以求得膜层材料的折射率

$$n_2=1.245$$

取 $m=0$ 时，膜层最薄值为

$$d=\frac{1}{4n_2}\lambda_0=\frac{550\ \text{nm}}{4\times1.245}\approx 110.44\ \text{nm}$$

该题与题17和题18的不同之处是，这里通过反射率的计算给出薄膜折射率与衬底和薄膜上表面折射率的关系式。

35. **解**：(1) 由菲涅耳公式可知光强反射率

$$R_s = \left| \frac{n_1 \cos i_1 - n_2 \cos i_2}{n_1 \cos i_1 + n_2 \cos i_2} \right|^2$$

假设正入射情况下，$i_1 = 0$，有

$$R_s = \left(\frac{n_1 - n_2}{n_1 + n_2} \right)^2 = \left(\frac{0.518\ 5}{2.518\ 5} \right)^2 \approx 4\%$$

3 片 K9 透镜共有 6 个面，总的透射率为

$$I_t = (1 - R_s)^6 \approx (1 - 4\%)^6 \approx 78.3\%$$

因此光能量的损失约为 21.7%。

(2) 由上题可知，当薄膜的厚度满足

$$d = \frac{2m+1}{4n_2}\lambda \quad (m = 0, 1, \cdots)$$

折射率为

$$n_2 = \sqrt{n_1 n_3} = \sqrt{1 \times 1.518\ 5} \approx 1.232\ 3$$

时，反射率为零，透射率最大，入射光能量损失最小。

36. **解**：根据光源相干长度的物理含义，当光程差接近光的相干长度时，干涉条纹消失。因此，用白炽灯和汞灯光源进行杨氏干涉实验，当光程差 ΔL 与光源相干长度 L_0 接近时，$\Delta L = L_0$ 为可观察到的最大干涉级，最大干涉级分别为

$$\begin{cases} \Delta L_{白} = L_{0白} = m_{白}\lambda_{白} \\ \Delta L_{汞} = L_{0汞} = m_{汞}\lambda_{汞} \end{cases} \Rightarrow \begin{cases} m_{白} = \dfrac{L_{0白}}{\lambda_{白}} = \dfrac{0.001\ \text{mm}}{550\ \text{nm}} \approx 2 \\ m_{汞} = \dfrac{L_{0汞}}{\lambda_{汞}} = \dfrac{0.06\ \text{mm}}{546.1\ \text{nm}} \approx 110 \end{cases}$$

37. **解**：根据扩展光源的光场空间相干性的反比律公式

$$b \cdot \Delta\theta_0 \approx \lambda$$

当光源宽度 $b=1$ cm，波长 $\lambda=550$ nm 时，此光源所照明空间中的相干孔径角为

$$\Delta\theta_0 \approx \frac{\lambda}{b} = 5.5\times10^{-5}\ \text{rad} \approx 11''$$

可见，该角径甚小。

38. **解：** 在扩展光源照明空间中，空间横向两点具有相干性的最大间距 d_0 与光源的距离和光源尺度关系为

$$d_0 \leqslant \frac{R\lambda}{b}$$

因此，空间横向间距 $d_0=20$ mm 两点处具有相干性时，与光源的距离满足

$$R \geqslant d_0\frac{b}{\lambda} = 20\ \text{mm}\times\frac{5\ \text{mm}}{550\ \text{nm}} \approx 181\ \text{m}$$

故最小距离为 181 m。

39. **解：** 由相干长度公式

$$L_0 = c\tau = \frac{\lambda^2}{\Delta\lambda}$$

求得谱线宽度为

$$\Delta\lambda = \frac{\lambda^2}{L_0} = \frac{(605.8\ \text{nm})^2}{2\times10^8\ \text{nm}} \approx 1.8\times10^{-3}\ \text{nm}$$

40. **解：** 当 $D \gg d$ 时，由题 4 解答结果，两点光源 P 附近的光程差为

$$\Delta L \approx (R_1 - R_2) + \frac{x^2 + y^2}{2}\left(\frac{1}{R_1} - \frac{1}{R_2}\right) \approx d$$

非单色性光源相干干涉时，光程差 ΔL 小于非单色光源的相干长度 ΔL_{M}，即

$$\Delta L \leqslant \Delta L_{\mathrm{M}} = \frac{\lambda^2}{\Delta\lambda}$$

由上两式，求得在 P 点附近可以观察到干涉条纹，两点光源波长差满足的条件为

$$d < \frac{\lambda^2}{\Delta\lambda} \quad \Rightarrow \quad \Delta\lambda < \frac{\lambda^2}{d} = \frac{(500\ \text{nm})^2}{1\ \text{mm}} = 0.25\ \text{nm}$$

41. **解：** 方法一

当两条谱线光源的其中一条谱线的亮条纹与另一条谱线的暗条纹重叠时，干涉条纹消失，故有

$$\Delta L_{\lambda_1} = m\lambda_1$$

$$\Delta L_{\lambda_2} = \left(m + \frac{1}{2}\right)\lambda_2$$

条纹消失的干涉级为

$$\Delta L_{\lambda_1} = \Delta L_{\lambda_2}$$

$$\Rightarrow m\lambda_1 = \left(m + \frac{1}{2}\right)\lambda_2$$

$$\Rightarrow m = \frac{\lambda_2}{2(\lambda_1 - \lambda_2)} = \frac{589\ \text{nm}}{2 \times (589.6\ \text{nm} - 589\ \text{nm})} \approx 491$$

根据傍轴条件下杨氏干涉光程差公式 $\Delta L \approx \frac{d}{D}x$，求得条纹消失的位置为

$$x=\frac{\Delta L_{\lambda_1}D}{d}=\frac{m\lambda_1 D}{d}\approx\frac{491\times 589.6\ \text{nm}\times 20\ \text{cm}}{5\ \text{mm}}\approx 11.6\ \text{mm}$$

方法二

光程差接近光源相干长度时，干涉条纹消失，杨氏干涉条纹的干涉级由下式确定

$$\Delta L=\Delta L_M=\frac{\lambda^2}{\Delta\lambda}=m\lambda\Rightarrow m=\frac{\lambda}{\Delta\lambda}=\frac{589\ \text{nm}}{0.6\ \text{nm}}\approx 982$$

根据傍轴条件下杨氏干涉光程差公式 $\Delta L\approx\frac{d}{D}x$，求得条纹消失的位置为

$$x=\frac{\Delta LD}{d}=\frac{m\lambda D}{d}\approx\frac{982\times 589\ \text{nm}\times 20\ \text{cm}}{5\ \text{mm}}\approx 23.2\ \text{mm}$$

注：方法二比方法一的结果大了 1 倍。

42. **解：**由发光时间 τ 与线宽 $\Delta\nu$ 的关系式

$$\tau=\frac{1}{\Delta\nu}$$

求得该激光的相干长度为

$$L=c\tau=c\frac{1}{\Delta\nu}=\frac{3\times 10^8\ \text{m/s}}{20\ \text{Hz}}=1.5\times 10^7\ \text{m}$$

第 4 章 光的衍射理论基础

基本理论与公式

4.1　惠更斯－菲涅耳原理

（1）惠更斯原理

惠更斯原理：一个波阵面的每个面元均可看作一个产生球面子波的次级扰动中心，以后任何时刻的波阵面是所有这些子波的包络面。

（2）惠更斯－菲涅耳光的衍射原理

惠更斯－菲涅耳原理表述为：波阵面上每一个面元 $\mathrm{d}S$ 可看作次级波源，空间任一点 P 的光场，是所有次级波源发射的次级波 $\mathrm{d}\tilde{U}(P)=\frac{a}{r}\mathrm{e}^{\mathrm{i}kr}\mathrm{d}S$ 在该场点的相干叠加。

$$\tilde{U}(P)=\oiint_{\Sigma}\mathrm{d}\tilde{U}(P)=K\oiint_{\Sigma}f(\theta_0,\theta)\tilde{U}(Q)\frac{\mathrm{e}^{\mathrm{i}kr}}{r}\mathrm{d}S \quad (4.1)$$

式中：θ_0 和 θ 分别表示入射光方向和场点相对曲面 Q 面元的法

线方向的方位角（如图 4.1 所示）；$f(\theta_0, \theta)$ 为倾斜因子，表示次级波源发射的各向异性。

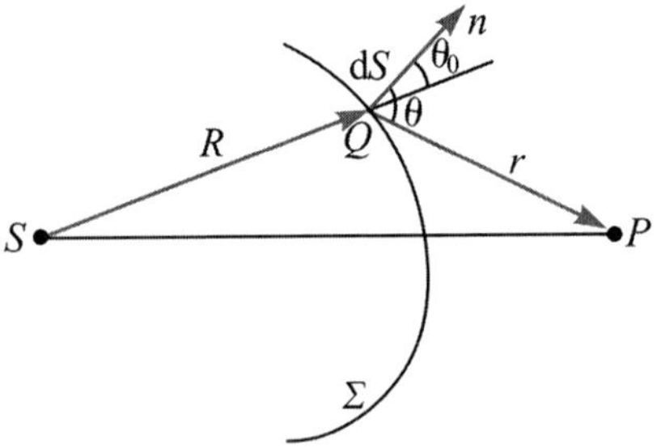

图 4.1　波面 Σ 在 P 点产生的场

（3）平面屏衍射的基尔霍夫衍射积分公式

应用电磁场理论，对衍射屏得到基尔霍夫衍射积分公式

$$\tilde{U}(P) = -\frac{\mathrm{i}}{2\lambda}\iint_{S_1}\tilde{U}(Q)\frac{\mathrm{e}^{\mathrm{i}kr}}{r}(\cos\theta_0 + \cos\theta)\mathrm{d}S \qquad (4.2)$$

式中，$\tilde{U}(Q)$ 是入射到小孔径 S_1 上 Q 的波函数。上式是本章讨论光衍射的理论基础。

4.2　菲涅耳衍射和夫琅禾费衍射

（1）球面波的傍轴近似

在如图 4.2 所示的坐标体系中，源点和场点满足旁轴条件 ρ^2、$\rho_0^2 \ll z^2$，球面波近似表示为

$$\tilde{U}(P) = \frac{A}{r}\mathrm{e}^{\mathrm{i}kr} \approx \frac{A\mathrm{e}^{\mathrm{i}kz}}{z}\mathrm{e}^{\mathrm{i}k\frac{\rho_0^2+\rho^2-2(xx_0+yy_0)}{2z}} \qquad (4.3)$$

式中，$\rho_0^2=x_0^2+y_0^2$，$\rho^2=x^2+y^2$。

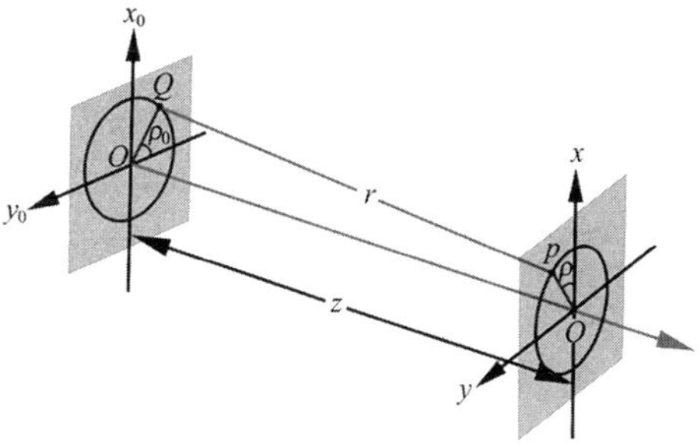

图 4.2　球面波传播旁轴近似和远场近似

（2）菲涅耳衍射（近场衍射）

若衍射屏和接收屏的坐标位置满足旁轴近似条件，基尔霍夫衍射积分中的 θ_0 和 θ 很小，倾斜因子 $\cos\theta_0\approx1$、$\cos\theta\approx1$，又由旁轴近似时球面波 $\frac{e^{ikr}}{r}$ 满足式（4.3），则基尔霍夫衍射公式可化为

$$\begin{aligned}\widetilde{U}(P)&=-\frac{ie^{ikz}}{\lambda z}\iint_{S_1}\widetilde{U}(Q)e^{ik\frac{\rho_0^2+\rho^2+2(xx_0+yy_0)}{2z}}dS\\&=-\frac{ie^{ikz}}{\lambda z}\iint_{S_1}\widetilde{U}(x_0,y_0)e^{ik\frac{(x-x_0)+(y-y_0)^2}{2z}}dx_0dy_0\end{aligned}\tag{4.4}$$

由于在孔径之外 $\widetilde{U}(Q)=0$，上式可写为

$$\widetilde{U}(x,y)=-\frac{ie^{ikz}}{\lambda z}\iint_{-\infty}^{\infty}\widetilde{U}(x_0,y_0)e^{i\frac{k}{2z}[(x-x_0)^2+(y-y_0)^2]}dx_0dy_0\tag{4.5}$$

该式是一个卷积

$$\widetilde{U}(x,y)=\iint_{-\infty}^{\infty}\widetilde{U}(x_0,y_0)h(x-x_0,y-y_0)dx_0dy_0$$

$$= \widetilde{U}(x,y) * h(x,y) \tag{4.6}$$

其卷积的核为

$$h(x, y) = -\frac{\mathrm{i}e^{\mathrm{i}kz}}{\lambda z}e^{\mathrm{i}\frac{k}{2z}(x^2+y^2)} \tag{4.7}$$

在式（4.5）积分中，将被积函数含场点坐标的二次相位因子提到积分号外，得到另外一种形式

$$\widetilde{U}(x,y) = -\frac{\mathrm{i}e^{\mathrm{i}kz}}{\lambda z}e^{\mathrm{i}\frac{k}{2z}(x^2+y^2)}\iint_{-\infty}^{\infty}\widetilde{U}(x_0,y_0)e^{\mathrm{i}\frac{k}{2z}(x_0^2+y_0^2)-\mathrm{i}\frac{k}{z}(xx_0+yy_0)}\mathrm{d}x_0\mathrm{d}y_0 \tag{4.8}$$

衍射积分式（4.5）或式（4.8）称为菲涅耳衍射积分。它是在旁轴近似条件成立的区域内的衍射场分布，这样的区域也称为菲涅耳区，其衍射也称为近场衍射。

（3）夫琅禾费衍射（远场衍射）

衍射屏和接收屏的坐标位置满足菲涅耳衍射近似条件，衍射屏上的次级波源还满足远场条件 $k\rho_0^2 \ll z$，则式（4.8）中被积函数的二次相位因子 $\frac{k}{2z}(x_0^2+y_0^2) \ll 1$，衍射场为

$$\widetilde{U}(x,y) = -\frac{\mathrm{i}e^{\mathrm{i}kz}}{\lambda z}e^{\mathrm{i}\frac{k}{2z}(x^2+y^2)}\iint_{-\infty}^{\infty}\widetilde{U}(x_0,y_0)e^{-\mathrm{i}\frac{k}{z}(xx_0+yy_0)}\mathrm{d}x_0\mathrm{d}y_0 \tag{4.9}$$

满足远场条件的衍射区域为夫琅禾费衍射区，上式为夫琅禾费衍射积分，衍射场为夫琅禾费衍射。式（4.9）表示夫琅禾费衍射积分是平面波叠加。夫琅禾费衍射可以通过透镜来实现，在透镜后焦平面上观察的衍射即夫琅禾费衍射［严格证明参见《物理光学导论（第三版）》第5章5.2节］。

$$\widetilde{U}(x,y)=-\frac{\mathrm{i}A\mathrm{e}^{\mathrm{i}kF}}{\lambda F}\iint_S \widetilde{U}(x_0,y_0)\mathrm{e}^{-\mathrm{i}k\left(\frac{xx_0}{F}+\frac{yy_0}{F}\right)}\mathrm{d}x_0\mathrm{d}y_0 \tag{4.10}$$

其中，F 为透镜的焦距。

4.3　规则孔的夫琅禾费衍射

在透镜后焦平面采用方位角描述衍射场，如图 4.3 所示，夫琅禾费衍射积分可表示为

$$\widetilde{U}(\theta_1,\theta_2)=-\frac{\mathrm{i}\mathrm{e}^{\mathrm{i}kF}}{\lambda F}\mathrm{e}^{\mathrm{i}\frac{kF}{2}(\sin^2\theta_1+\sin^2\theta_2)}\iint_{-\infty}^{\infty}\widetilde{U}(x_0,y_0)\mathrm{e}^{-\mathrm{i}k(\sin\theta_1 x_0+\sin\theta_2 y_0)}\mathrm{d}x_0\mathrm{d}y_0 \tag{4.11}$$

其中，$\sin\theta_1\approx\frac{x}{F}$，$\sin\theta_2\approx\frac{y}{F}$，$F$ 为透镜的焦距。

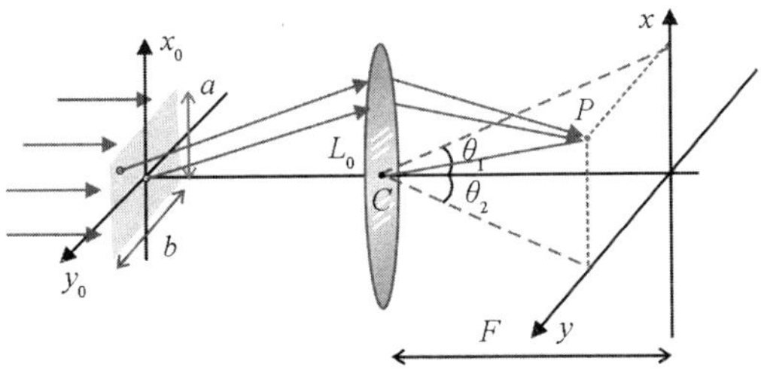

图 4.3　采用方位角（θ_1，θ_2）描述夫琅禾费衍射场示意图

（1）单缝夫琅禾费衍射

设入射光为垂直狭缝的平行光 $\widetilde{U}(x_0,y_0)=A_0$，因为 y_0 方向宽度 b 相比 x_0 方向宽度 a 大得多（$b\gg a$），可以认为只有

x_0方向上发生了衍射，而y_0方向上没有发生衍射，夫琅禾费衍射积分公式化为一维积分形式

$$\tilde{U}(\theta) = -\frac{\mathrm{i}e^{\mathrm{i}kF}}{\lambda F}e^{\mathrm{i}\frac{kF}{2}\sin^2\theta}\int_{-\frac{b}{2}}^{\frac{b}{2}}\mathrm{d}y_0\int_{-\frac{a}{2}}^{\frac{a}{2}}Ae^{-\mathrm{i}k\sin\theta x_0}\mathrm{d}x_0$$

$$= -\frac{\mathrm{i}e^{\mathrm{i}kF}}{\lambda F}e^{\mathrm{i}\frac{kF}{2}\sin^2\theta}\int_{-\frac{a}{2}}^{\frac{a}{2}}Ae^{-\mathrm{i}k\sin\theta x_0}b\mathrm{d}x_0$$

得单缝夫琅禾费衍射场为

$$\tilde{U}(\theta) = \tilde{c}e^{\mathrm{i}kF}e^{\mathrm{i}\frac{kF}{2}\sin^2\theta}\frac{\sin\alpha}{\alpha} \tag{4.12}$$

其中，

$$\begin{cases}\tilde{c} = -\dfrac{\mathrm{i}Aba}{\lambda F}\\ \alpha = \dfrac{\pi a\sin\theta}{\lambda}\end{cases}$$

衍射光强分布为

$$I(\theta) = \tilde{U}\tilde{U}^* = I_0\mathrm{sinc}^2\alpha \tag{4.13}$$

其中，$I_0 = \tilde{c}\tilde{c}^*$，$\mathrm{sinc}\alpha = \dfrac{\sin\alpha}{\alpha}$。当 $\alpha = m\pi$（$m = \pm1, \pm2, \cdots$）时，$\mathrm{sinc}\alpha = 0$，对应的衍射角为

$$a\sin\theta = m\lambda \quad (m = \pm1, \pm2, \cdots) \tag{4.14}$$

此时，衍射强度 $I(\theta)=0$。上式称为单缝夫琅禾费衍射的零点条件。

中心衍射光斑称为零级衍射斑，集中了全部入射光强的80%以上。零级峰值方位角 θ_0 与一级零点方位角 θ_1 之差 $\Delta\theta = \theta_0 - \theta_1$，描述了光波衍射的发散程度，称为半角宽度。狭缝夫

琅禾费衍射的半角宽度为

$$\Delta\theta = \frac{\lambda}{a} \quad 或 \quad a \cdot \Delta\theta = \lambda \tag{4.15}$$

上式表示半角宽度与狭缝宽度之积为一常量。

（2）矩孔夫琅禾费衍射

边长为 a 和 b 的方形孔屏的夫琅禾费衍射场和强度为

$$\begin{cases} \tilde{U}(\theta_1, \theta_2) = \tilde{c}e^{ikF}e^{i\frac{kF}{2}(\sin^2\theta_1 + \sin^2\theta_2)}\operatorname{sinc}\alpha \cdot \operatorname{sinc}\beta \\ I = \tilde{U}\tilde{U}^* = I_0\operatorname{sinc}^2\alpha \cdot \operatorname{sinc}^2\beta \end{cases} \tag{4.16}$$

其中，

$$\begin{cases} \tilde{c} = -\dfrac{iAba}{\lambda F} \\ I_0 = \tilde{c}\tilde{c}^* \\ \alpha = \dfrac{\pi a\sin\theta_1}{\lambda} \\ \beta = \dfrac{\pi a\sin\theta_2}{\lambda} \end{cases}$$

矩孔衍射场分布与单缝衍射类似，其差别在于单缝强度变化呈一维分布，矩孔呈二维分布。当 a、$b \gg \lambda$ 时，得到中心衍射斑的半角宽度为

$$\begin{cases} \Delta\theta_1 \approx \dfrac{\lambda}{a} \\ \Delta\theta_2 \approx \dfrac{\lambda}{b} \end{cases} \tag{4.17}$$

通常用半角宽度（$\Delta\theta_1$，$\Delta\theta_2$）来描述平行光入射矩孔时发生衍射的弥散程度。

(3) 圆孔夫琅禾费衍射

圆孔夫琅禾费衍射场分布的观测方法与矩孔衍射类似（如图 4. 4 所示），这时用极坐标代替直角坐标更为方便。

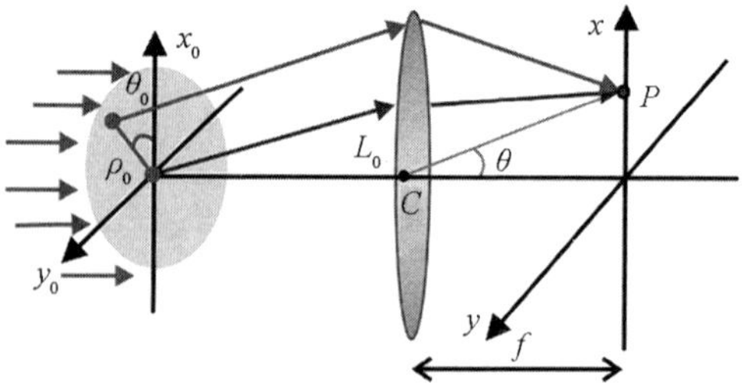

(a) 原理示意图

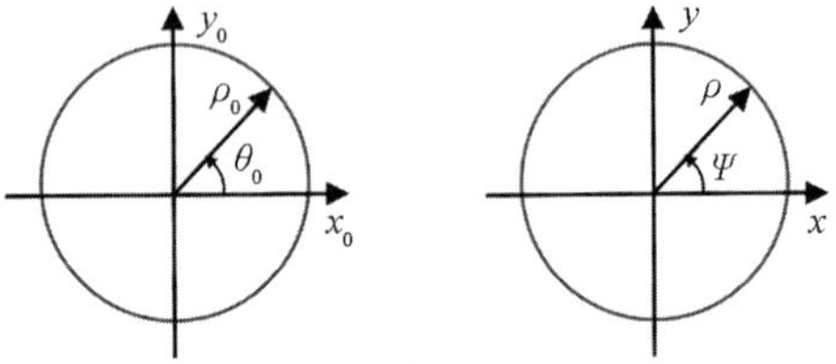

(b) 极坐标

图 4. 4　圆孔夫琅禾费衍射场分布的观测方法

振幅为 A 的平面波入射时，圆孔的夫琅禾费衍射积分为

$$\widetilde{U}(\rho,\psi) = -\frac{\mathrm{i}\mathrm{e}^{\mathrm{i}kF}}{\lambda F}\mathrm{e}^{\mathrm{i}\frac{k\rho^2}{2F}}\int_0^a\int_0^{2\pi}A\mathrm{e}^{-\mathrm{i}\frac{k}{F}\rho\rho_0\cos(\theta_0-\psi)}\rho_0\mathrm{d}\rho_0\mathrm{d}\theta_0 \tag{4.18}$$

上式积分结果为

$$\widetilde{U}(\rho) = \tilde{c}\left[2\frac{J_1(ka\rho/F)}{ka\rho/F}\right] = \tilde{c}\left[2\frac{J_1(\chi)}{\chi}\right] \tag{4.19}$$

其中，$\tilde{c}=-\frac{\mathrm{i}A\mathrm{e}^{\mathrm{i}kF}}{\lambda F}\mathrm{e}^{\mathrm{i}\frac{k\rho^2}{2F}}$，$\chi=\frac{ka\rho}{F}$，$S=\pi a^2$ 为圆孔面积，$J_1(x)$ 为一阶贝塞尔函数。式（4.19）又可表示为

$$\tilde{U}(\rho)=\tilde{c}\left[2\frac{J_1(ka\sin\theta)}{ka\sin\theta}\right] \tag{4.20}$$

其中，θ 为衍射场点对圆孔中心的张角

$$\sin\theta\approx\frac{\rho}{F}$$

衍射强度为

$$I(\theta)=\left(\frac{AS}{\lambda F}\right)^2\left[2\frac{J_1(ka\sin\theta)}{ka\sin\theta}\right]^2 \quad 或 \quad I(\rho)=\left(\frac{AS}{\lambda F}\right)^2\left[2\frac{J_1(ka\rho/F)}{ka\rho/F}\right]^2 \tag{4.21}$$

从中心最大光强位置到第一个极小位置 $\chi=1.22\pi$，圆孔的衍射场存在一中心光斑，称为艾里斑。艾里斑的半角宽度和半径 d 由下式确定

$$\sin\theta=1.22\frac{\lambda}{D} \quad 或 \quad d=1.22\frac{\lambda F}{D} \tag{4.22}$$

其中，$D=2a$ 为圆孔衍射屏的直径。一般情况下，$\lambda\ll D$，半角宽度可表示为

$$\Delta\theta=1.22\frac{\lambda}{D} \quad 或 \quad \Delta\theta\cdot D=1.22\lambda \tag{4.23}$$

计算表明，入射圆孔总光强的 84% 落在艾里斑内。

（4）成像仪器的分辨本领

瑞利判据　通常采用瑞利判据作为成像系统分辨本领的定量标准。设相邻两个艾里斑中心间的角间距为 $\delta\theta$，瑞利提出将 $\delta\theta$ 与艾里斑半角宽度 $\Delta\theta$ 进行比较，二者相等时，为能分辨的

最小角间距 $\delta\theta_m$。

$$\delta\theta_m = \Delta\theta = 1.22\frac{\lambda}{D} \tag{4.24}$$

即当第一个像的主极大和另一个像的第一极小重合时，这两个像刚好能分辨（如图4.5）。上式称为瑞利判据。

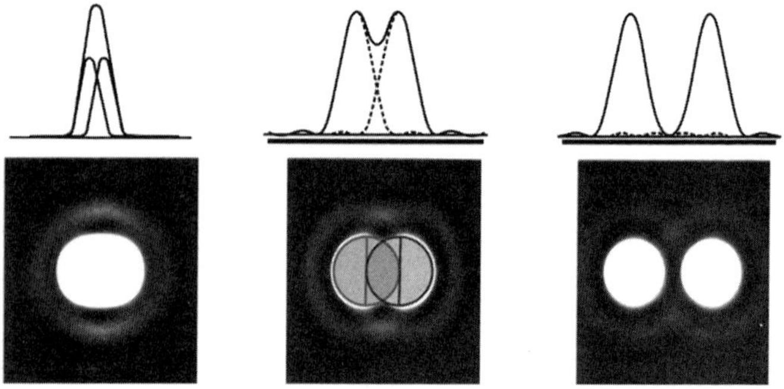

图4.5　瑞利判据图示说明

望远镜的分辨本领　设望远镜物镜的直径为 D，角极限分辨率满足式（4.24），描述了望远镜恰好能分辨两个远处物点的角间距。

显微镜的分辨本领　显微镜工作原理是通过一短焦距、小口径物镜，将放置在齐明点附近的微小物体放大成像，再经目镜放大成虚像，以便人眼观察。显微镜可分辨的最小线度为

$$\delta x_0 \approx 0.61\frac{\lambda_0}{n_0 \sin u_0} = 0.61\frac{\lambda_0}{NA} \tag{4.25}$$

其中，$NA = n_0 \sin u_0$ 为显微镜镜头的数值孔径。上式给出了一个显微镜刚好能分辨的两个物点的间距。

（5）衍射极限与超分辨成像

衍射极限　当入射平面波叠加上像差时，中心光斑的衍射强度不再是艾里斑分布，表现出明显的发散。在无像差条件下，夫琅禾费衍射形成的艾里斑相对存在像差的情形，其能量集中度最高、中心光斑最小。无像差时的衍射中心艾里斑称为衍射极限。像差可以是外界扰动（如大气湍流、热晕等）或光学系统加工产生的，获得衍射极限是光学成像系统设计追求的终极目标。

超分辨成像　以衍射光学观点审视光学成像系统，一个理想的点光源物的像不再是像点，而是一个艾里斑。理想光学成像系统极限角分辨率为 $\delta\theta = 1.22\dfrac{\lambda}{D}$。表示为线分辨率则为 $\delta l = 1.22F^{\#}\lambda$，$F^{\#}$ 为成像系统的 F 数，用数值孔径 NA 可表示为 $\delta l = 1.22\dfrac{\lambda}{NA}$。对于理想成像系统（无像差、最大数值孔径），成像的理论极限线分辨率为 $\dfrac{\lambda}{2}$，即最理想的成像系统能分辨的最小物体的线度不能小于所采用波长的一半。突破这一极限分辨率的成像方法称为超分辨成像。受激发射损耗显微术（stimulated emission depletion microscopy，STED）和光激活定位显微成像（photo activated localization microscopy，PALM）是近年来发展的两种生物超分辨显微成像方法。

4.4 光栅衍射

相同结构单元周期排列的物体对入射光的振幅或相位，或二者同时产生一个周期性的空间调制，称为衍射光栅。

(1) 位移－相移定理

设 (x_0, y_0) 平面上有一衍射单元 S，夫琅禾费衍射场为 $\tilde{U}(\theta_1, \theta_2)$，当衍射单元 S 在 (x_0, y_0) 平面内作一平移 (a, b)（如图 4.6）时，其夫琅禾费衍射场为

$$\tilde{U}'(\theta_1, \theta_2) = e^{i(\delta_1 + \delta_2)} \tilde{U}(\theta_1, \theta_2) \tag{4.26}$$

上式相位因子 (δ_1, δ_2) 为

$$\begin{cases} \delta_1 = -ka\sin\theta_1 \\ \delta_2 = -kb\sin\theta_2 \end{cases} \tag{4.27}$$

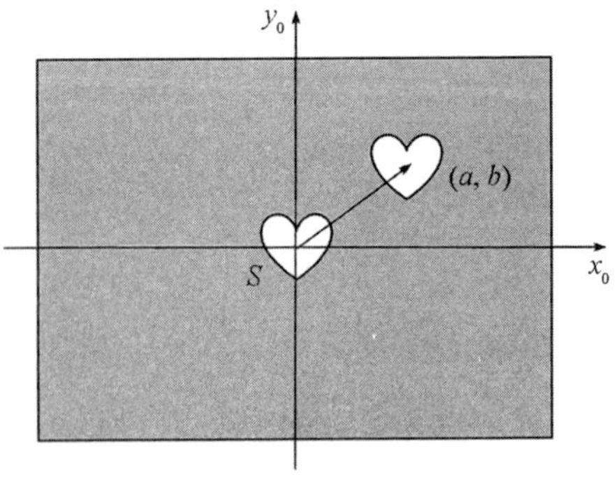

图 4.6 相同结构单元的衍射说明

在夫琅禾费衍射系统中，当衍射单元发生位移时，其衍射场是原衍射单元的衍射场乘以一个满足式（4.27）的附加相位因子，此即夫琅禾费衍射的位移 - 相移定理。

由 N 个相同单元构成的衍射屏的衍射场，是 N 个相同单元的夫琅禾费衍射场的相干叠加。

$$\tilde{U}(\theta_1,\theta_2) = \sum_{j=1}^{N} \tilde{U}_j(\theta_1,\theta_2) = \sum_{j=1}^{N} e^{i(\delta_{1j}+\delta_{2j})} \tilde{U}_0(\theta_1,\theta_2)$$

$$= \tilde{U}_0(\theta_1,\theta_2)\tilde{S}(\theta_1,\theta_2) \tag{4.28}$$

式中：$\tilde{U}_0(\theta_1,\ \theta_2)$ 为单元衍射场，由单元结构确定；$\tilde{S}(\theta_1,\theta_2)$ 称为干涉因子，满足

$$\tilde{S}(\theta_1,\theta_2) = \sum_{j=1}^{N} e^{i(\delta_{1j}+\delta_{2j})} \tag{4.29}$$

（2）一维光栅

夫琅禾费衍射场和强度分布　N 个狭缝沿 x 方向周期性排列构成一维衍射光栅，如图 4.7（a）所示。应用位移 - 相移定理，光栅的夫琅禾费衍射场为

$$\tilde{U}(\theta) = \tilde{C}_0 \frac{\sin\alpha}{\alpha}\frac{\sin N\beta}{\sin\beta} \tag{4.30}$$

式中 $\tilde{C}_0 = \tilde{C} e^{i(N-1)\beta}$。衍射强度为

$$I(\theta) = |\tilde{U}_0(\theta)\ \tilde{S}(\theta)|^2 = I_0\left(\frac{\sin\alpha}{\alpha}\right)^2\left(\frac{\sin N\beta}{\sin\beta}\right)^2 \tag{4.31}$$

其中：$I_0 = |\tilde{C}_0|^2$，为单缝衍射零级中心衍射强度；$\left(\frac{\sin\alpha}{\alpha}\right)^2$ 和 $\left(\frac{\sin N\beta}{\sin\beta}\right)^2$ 分别称为强度单元因子和强度结构因子（或干涉因

子)，两项相互作用形成衍射强度分布如图 4.7（b）所示。当场点位置 θ 满足

$$d\sin\theta_m = m\lambda \quad (m=0,\ \pm1,\ \pm2,\ \cdots) \tag{4.32}$$

时，为 m 级主级衍射。该式称为光栅方程。当衍射角满足

$$d\sin(\theta_m \pm \Delta\theta_j) = \left(m \pm \frac{j}{N}\right)\lambda \quad (j=1,\ 2,\ \cdots,\ N-1)$$

时，强度结构因子为零。表明在两个主衍射峰之间有 $N-1$ 个零点，即 $N-1$ 个暗条纹；在每两个暗条纹之间必有一个次亮条纹，故在两个主衍射峰之间有 $N-2$ 个次亮条纹。

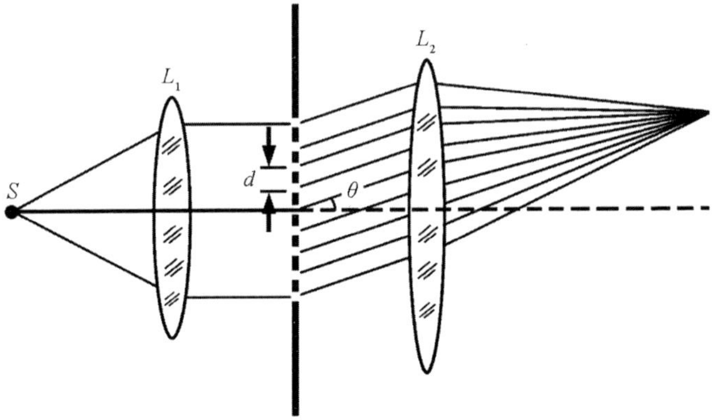

(a) 一维狭缝光栅结构示意图

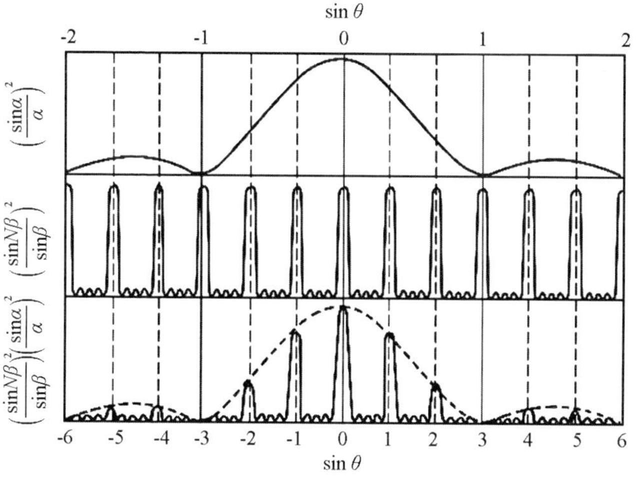

（b）一维光栅衍射的强度单元因子、强度结构因子以及两者乘积

图 4.7　一维衍射光栅结构与光强分布

主衍射级半角宽度　由 m 级主衍射角 θ_m 和第一个衍射零点位置 $\theta_m \pm \Delta\theta$，得到 m 级主衍射峰的半角宽度

$$\Delta\theta_m = \frac{\lambda}{Nd\cos\theta_m} \quad 或 \quad \Delta\theta_m = \frac{\lambda}{D\cos\theta_m} \tag{4.33}$$

主衍射级缺级条件　若光栅衍射第 m 个主峰位置，恰好位于单缝第 m' 个零点位置，有 $I(\theta_m)=0$，第 m 级主衍射峰消失。缺级条件为

$$\frac{d}{a} = \frac{m}{m'} \tag{4.34}$$

（3）光栅光谱仪

利用光栅分光特性制成多种光栅光谱仪，其基本性能一般

通过色散本领、色分辨本领和色散范围描述。

光栅的色散本领　设波长为 λ 和 $\lambda' = \lambda + \delta\lambda$ 的两束光经光栅衍射，它们 m 级衍射主峰的衍射角分别为 θ_m 和 $\theta_m + \delta\theta$。这两束光的角分开程度用角色散本领 D_θ 描述

$$D_\theta = \frac{\delta\theta}{\delta\lambda} \tag{4.35}$$

由光栅方程 $d\sin\theta_m = m\lambda$，得到

$$D_\theta = \frac{\delta\theta}{\delta\lambda} = \frac{m}{d\cos\theta_m} \tag{4.36}$$

其单位为 rad/nm。该式表明角色散本领与衍射级成正比，与光栅常数成反比。

不同波长的光谱在观测面上分开的线度为 $F\,\delta\theta$。线色散本领

$$D_l = \frac{\delta l}{\delta\lambda} = \frac{F\,\delta\theta}{\delta\lambda} \tag{4.37}$$

用来描述光谱的线分开程度，其单位为 mm/nm。

光栅的色分辨本领　描述两个相邻波长的光通过光栅后衍射角间隔达到能被分辨的程度，为光栅光谱仪的色分辨本领。按瑞利判据，刚好能分辨出这两谱线差满足

$$\delta\lambda = \frac{\lambda}{mN} \tag{4.38}$$

色分辨本领 $R = \dfrac{\lambda}{\delta\lambda}$，由上式得

$$R = mN \tag{4.39}$$

光栅的色分辨本领与衍射级和光栅的单元总数 N 有关，N 越大，色分辨本领越大，能分辨的波长差越小。

光栅的色散范围　光栅的色散范围是描述不同衍射级光谱间的交叠。设入射光波长范围为 λ 至 $\lambda+\Delta\lambda$，从某一衍射级以后，可能出现较小波长的第 $m+1$ 衍射级与较大波长的第 m 衍射级的谱线发生交叠。当最大波长 $\lambda+\Delta\lambda$ 的第 m 级谱线与最小波长 λ 的第 $m+1$ 级谱线刚好重叠，即 $\theta_m^{\lambda+\Delta\lambda}=\theta_{m+1}^{\lambda}$ 时，波长差 $\Delta\lambda$ 为该光栅的最大色散范围。

$$\Delta\lambda=\frac{\lambda}{m} \tag{4.40}$$

从式（4.40）可知，光栅色散范围只与波长和衍射级有关。

4.5　菲涅耳衍射的波带方法

菲涅耳波带（Fresnel zones）或半波带（half-period zones）可以简单地对菲涅耳衍射积分进行分析讨论。菲涅耳波带以衍射屏出射光波的中心为基点（如圆孔以圆心为中心基点），将衍射屏分成许多圆环（如图 4.8）。每一个菲涅耳波带的大小，由场点 P 分别到圆环内外两个边界的光程差 $\frac{\lambda}{2}$ 来确定。在傍轴条件下，第 m 个波带边界半径 ρ_m 由下式确定

$$\sqrt{r_0^2+\rho_m^2}-r_0\approx\frac{\rho_m^2}{2r_0}=m\frac{\lambda}{2} \tag{4.41}$$

上式可以表示为

$$\rho_m=\sqrt{mr_0\lambda}=\sqrt{m}\rho_1 \tag{4.42}$$

菲涅耳波带的面积为

$$\pi\rho_{m+1}^2-\pi\rho_m^2=\pi(m+1)\lambda r_0-\pi m\lambda r_0=\pi\lambda r_0=\pi\rho_1^2$$

上式表明，在傍轴近似条件下，各菲涅耳波带的面积相等。

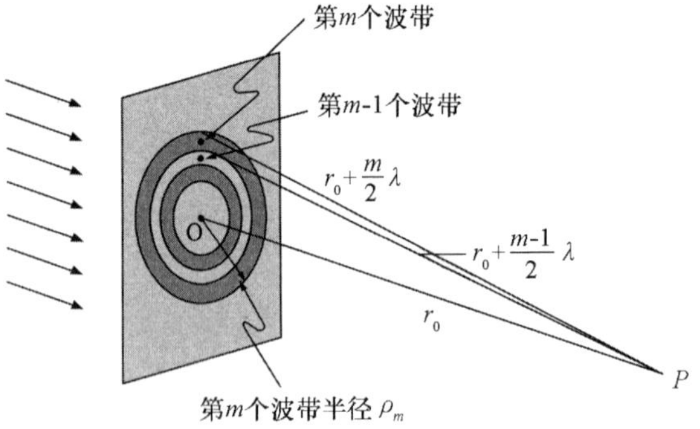

图 4. 8　球面波前的菲涅耳波带示意图

由式（4. 42）得到半径为 a 的圆孔所包含的菲涅耳波带数，即菲涅耳数 N_F 为

$$N_F=\frac{a^2}{\lambda r_0} \tag{4.43}$$

对非圆孔情形，同样以 a 作为描述通光口径大小的特征参量，可以通过式（4. 43）粗略估算通光口径的菲涅耳数。当 $N_F\ll1$时，衍射采用夫琅禾费衍射描述；当 $N_F\gg1$ 时，则采用菲涅耳衍射描述。

4. 6　光学全息

从波动光学观点看，人眼对物体的成像，是由于物体的反射光波入射到人眼而形成物的三维空间图像。如果通过某种方法在空间产生与原物相同的光波函数，当该光波函数进入人眼时，人们也可以观察到物的三维图像（即使物体不真实存在）。全息术可以实现这一物理过程。全息术原理是通过干涉记录物光波，通过衍射再现物光波，实现物像的再现。由于物的光波函数包含了振幅与相位信息，因此全息术能够再现实际景物的三维图像，其原理与普通照相术有着根本区别。

全息照相是一个无透镜两步成像技术：记录和再现。第一步全息记录，通过物光和参考光干涉，在记录介质上形成由干涉条纹组成的全息图。全息图上记录了物光波的振幅和相位信息，实现了对物光波前的全息记录。第二步波前再现（或重建），用一束参考光照射全息图，通过光波衍射而实现物光波前的再现，也就再现了物体。

习题

1. 应用惠更斯－菲涅耳原理和微积分微元概念，计算波阵面 Σ 上每一个微小面元在空间 P 处产生的光场。

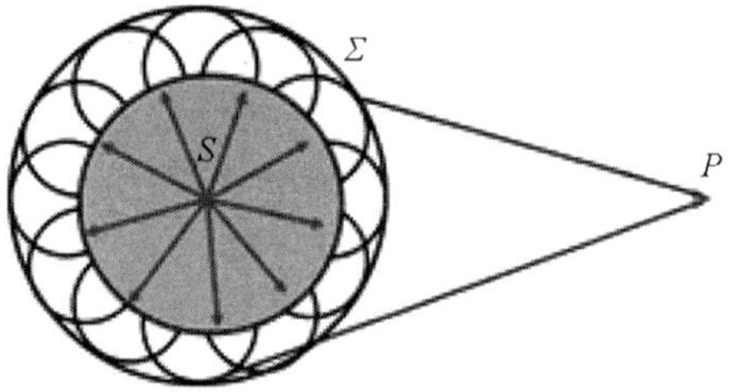

2. 以可见光波波长 500 nm 和空气中声波波长 3.4 m 为例，当衍射屏孔的半径为 10 mm、观测屏距衍射屏 1 m 时，分析傍轴条件与远场条件能否同时被满足。

3. 比较分析菲涅耳衍射（近场衍射）公式和夫琅禾费衍射（远场衍射）公式的特点，菲涅耳衍射和夫琅禾费衍射可以分别理解为什么波的叠加?

4. 假设衍射孔半径 1 mm，观察屏半径 3 cm，波长 500 nm。请计算观察屏与衍射屏的距离 z 取多大时，可以满足远场条件?

5. 在实验室通过透镜，在透镜后焦平面上观测夫琅禾费衍射分布。一般情况下透镜的焦距 F 不满足远场条件 $k\rho_0^2 \ll F$，试解释为什么在透镜后焦平面上观测的衍射为夫琅禾费衍射。

6. 将一束氦氖激光（波长 632.8 nm）通过直径为 1.0 cm 的圆孔衍射屏，观察距离为多少时才能看到夫琅禾费衍射图样? 假设入射激光横向光强均匀分布。

7. 用焦距为 150 mm 的透镜进行狭缝夫琅禾费衍射实验，设狭缝宽度为0.5 mm，激光器为Nd：YAG倍频激光（波长532 nm）。

（1）设计该实验的光路，并画出示意图。

（2）求零级最大与前两级极小点之间的距离，以及零级最大与第一级最大之间的距离。

（3）若狭缝宽度调节为2 μm，激光波长为1.064 μm，重复第（2）问的计算。

8. 用波长为632.8 nm的平行光垂直照射宽度为0.1 mm的狭缝，在距狭缝2 m处观测衍射分布。

（1）评估衍射屏位置是否满足远场条件。

（2）如果满足夫琅禾费衍射条件，计算中央最大衍射光斑的宽度。

9. 如下图所示，一束平行光以 θ_0 角斜入射在宽度为 a 的单缝上，求夫琅禾费衍射的强度公式，并说明零级衍射斑的中心位置在几何像点处。

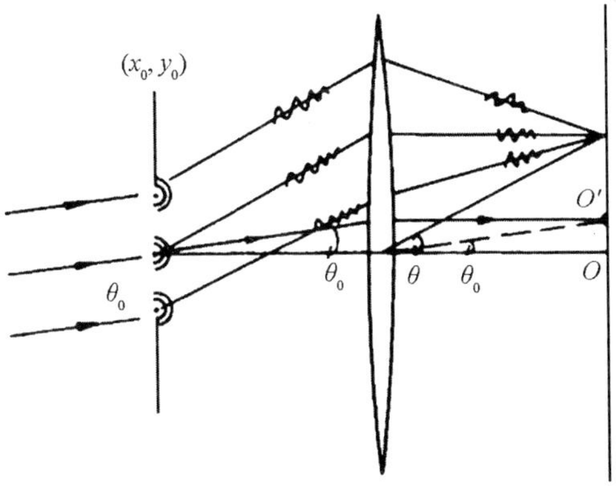

10. 波长为 632.8 nm 的激光通过矩孔衍射屏，矩孔边长分别为 0.2 mm 和 0.1 mm，在距衍射屏 3 m 远处观测衍射分布，评估该距离是否满足远场条件。若满足，计算观测屏夫琅禾费衍射强度分布的中心光斑大小。

11. 若一束激光射向一个正六边形的小孔光阑，试分析形成的夫琅禾费衍射图是什么样子。

12. 圆孔夫琅禾费衍射强度分布公式中，当 $x = ka\sin\theta = 3.832$ 时，$\left[2\dfrac{J_1(x)}{x}\right]^2 = 0$，如下图所示。求证中心光斑（艾里斑）强度最小位置相对中心轴的张角满足 $\theta \approx \sin\theta = 1.22\dfrac{\lambda}{2a} = 1.22\dfrac{\lambda}{D}$。其中 a 为衍射孔的半径，$D = 2a$ 为衍射孔的直径。

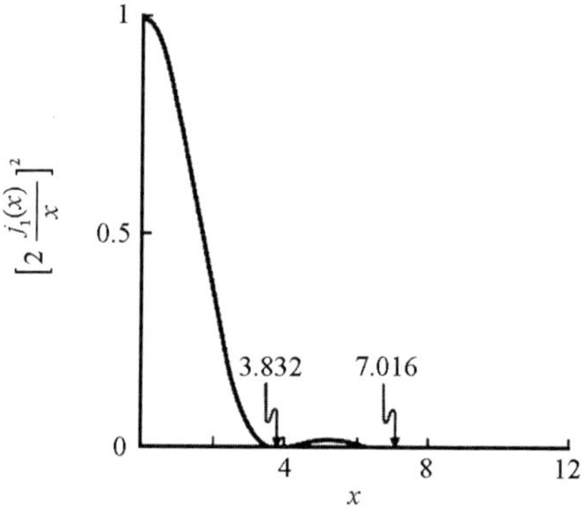

13. 波长为 650 nm 的半导体激光通过光纤耦合输出，激光输出端口径约为 2 mm。

（1）从输出端面出射的激光束，其衍射发散角为多大？

（2）若此光束射至 10 m 远的屏幕上，其光斑直径为多大？

（3）若此光束射至月球表面，其光斑直径为多大？

14. 一个直径 0.05 mm 的圆孔被 Nd：YAG 倍频激光照射，在距孔 1 m 远的屏上观察到的中心衍射光斑的直径为多少？若孔直径为 2 μm，艾里斑的直径为多少？

15. 平行光正入射孔径为 2 mm 的圆孔衍射屏，在透镜焦距为 150 mm 的后焦平面观测衍射强度分布，试计算该圆孔衍射的艾里斑半径。设平行光波长为 630 nm。

16. 设一束 1 mW 的激光正入射到人眼上，如果该激光直射人眼，求激光在人眼视网膜上的光功率密度。设激光波长为 532 nm，人眼瞳孔直径为 2 mm，人眼焦距为 25 mm。已知中心艾里斑光强占入射光强的 84%。

17. 一个口径为 6 cm、功率为 40 W 的白光光源，人眼在距离光源 5 m 处时，可以进入人眼的功率密度为多少？假设人眼瞳孔直径为 2 mm，焦距为 25 mm。

18. 激光加工设备进行某材料切割加工，设激光功率为 500 W，波长为 1 064 nm，激光光束宽度约为 5 mm，系统的焦距为 20 cm。该系统是否可以对该材料实现切割？假设该材料对此激光的吸收率为 90%，材料的熔融阈值为 1 200 W/cm^2。

19. 哈勃望远镜的主镜口径为 2.4 m，设定观察波长为 550 nm，用它可分辨的 5 光年外的最近两个星体间的距离为多少？

20. 已知日地距离约为 $L = 1.5 \times 10^8$ km，要求分辨太阳表面相距 $\Delta l = 10$ km 的两个斑点，望远镜的口径至少需有多大？假设观测波长为 550 nm。

21. 假设人眼观察物体的分辨率只由衍射效应决定。人眼最远可以分辨多远处的 1 m 大小的物体？假设照明波长为 550 nm，人眼瞳孔直径为 2 mm。

22. 人眼可以分辨 10 m 远处尺寸最小为多大的物体？人在 8 km 高空的飞机上，在白天视野很好的条件下（人瞳孔直径约为 2 mm），能够看清地面上最小多大尺寸的物体？假设物体发光波长为 550 nm。

23. 照相机镜头口径 $D = 6$ mm，焦距 $F = 5$ mm。求该相机能够产生的最高分辨本领？设平均波长为 550 nm。若该相机为数码相机，该相机的像素尺寸的最佳值为多少时才与相机的理想分辨率相匹配？如果该相机标称的 CCD 为 1 024 × 768 像素，相机成像靶面的尺寸为多大？

24. 夜晚航船时，远处小岛上两盏灯相距 5 m，假设灯光足够亮，船员目测，在多远处可将两盏灯分辨出来？设夜晚瞳孔直径为 7 mm，灯塔灯光波长为 550 nm。若要分辨相距 50 cm的两盏灯情况怎样？

25. 平行光正入射双狭缝的衍射屏，如下图所示，其中一个狭缝位于光轴中心，另一个狭缝相对光轴向上平移距离 d。假设狭缝宽度为 a，两个狭缝的中心距离为 $d>a$。

（1）求双狭缝的夫琅禾费衍射场。

（2）给出双狭缝的光强公式。

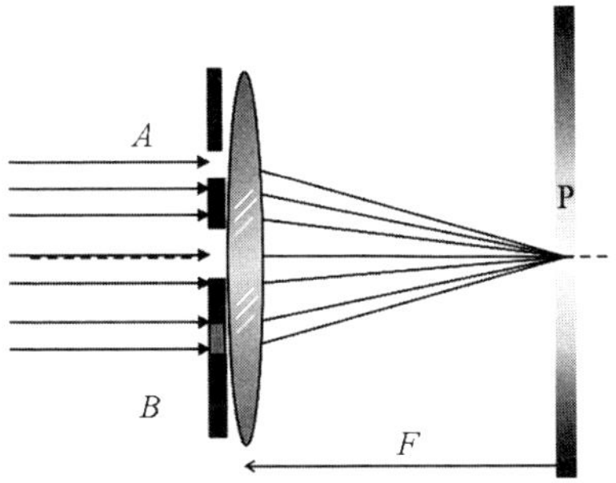

26. 试由位移－相移定理推出双孔夫琅禾费衍射场表达式及强度分布。其中双孔间隔为 d，孔半径为 a。

27. 如下图所示，求三个方孔的夫琅禾费衍射场。设三个方孔的边长均为 a。

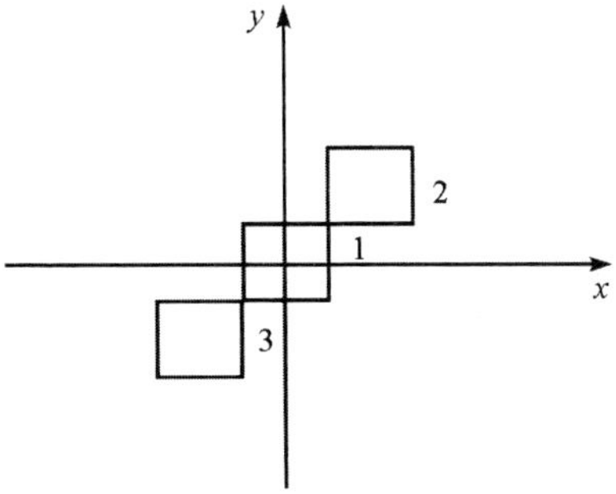

28. 一束激光穿过一块纵横织成的布料，在 20 m 外的墙上成像，如下图所示，中心亮点距左右亮点约 12 cm，距上下亮点约 10 cm，求该布料经纬线距离。设激光波长为 532 nm。

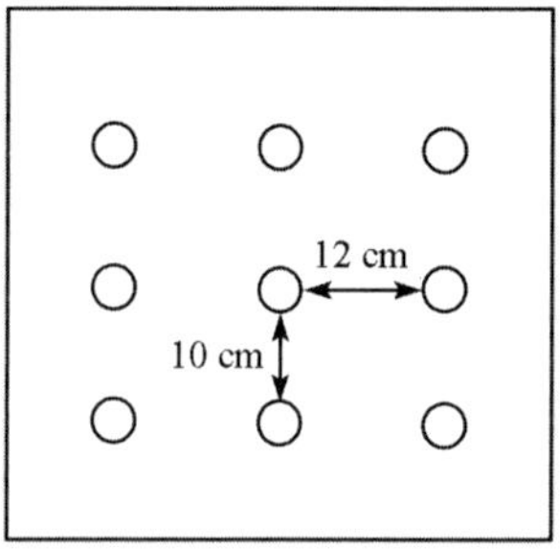

29. Li 原子光谱双线为 670.791 nm 和 670.776 nm，若用一个有效宽度为 5 cm 的光栅在其第 2 级光谱中分辨该双线，那么该光栅的光栅常数为多少？

30. 一维光栅的刻线密度为 120 线/mm，有效尺寸为 10 cm，入射光为 532 nm 绿光时，求第 2 级和第 3 级主峰的半角宽度。若该光栅的 $\frac{d}{a}=5$，那么缺失的主峰为多少级？

31. 用光栅进行可见光分光实验，光栅分光的第 1 级光谱分布与第 2 级光谱分布是否重叠？假设可见光谱范围为 400 ~ 700 nm。

32. 设一光栅每毫米 200 条刻线，光栅宽度为 2 cm。当用含 600 nm和 600.1 nm 的两条光谱线的平行光垂直照射该光栅时，这两条谱线可以分辨的最小衍射级是多少？

33. 当用波长为 535 nm 的平面光波正入射一光栅时，可以观测到最大衍射级为 5 级的主极大。实验测得某一级主极大的衍射角为 35°，确定该衍射角处的主极大的衍射级 p，并求该光栅的光栅常数。

34. 太阳光照射一块光栅，计算太阳光可见光波段的第 1 级、第 2 级和第 3 极光谱的角宽度，分析是否存在光谱重叠。光栅的刻线密度为 590 线/cm，假设太阳的可见光光谱范围为 400 ~ 700 nm。

35. 设光栅的光栅常数 $d = 0.1$ mm，有效宽度 $D = 25$ mm，用该光栅做钠黄光光谱测量实验（钠黄光含双线为 589 nm 和 589.6 nm），计算：

（1）钠黄光在光栅衍射第 1 级主极大处的半角宽度。

（2）钠黄光双线 589 nm 和 589.6 nm 在第 1 级主极大处分离的角间距。

（3）用该光栅制作的光谱仪，是否可以分辨 589 nm 和 589.6 nm 这两条谱线。

36. 有一光栅参数标称宽度为 20 cm，光栅刻线密度为 1 200 线/mm。当用 He - Ne 激光（$\lambda = 632.8$ nm）作入射光时，求：

（1）第 1 级光谱的角色散本领 D_θ；

（2）第 1 级光谱的线分辨本领 D_l（聚光镜焦距为 45 mm）；

（3）第 1 级光谱的色分辨本领 R；

（4）在该波长附近，第 1、2 级衍射分别能分辨的最小波长 $\delta\lambda$。

37. 一闪耀光栅用于分析 400 nm 附近的 1 级光谱，若该光栅的刻线槽密度为 1 500 线/mm，其闪耀角应为多少度？闪耀方向与光栅平面垂直方向成多大角度？考虑光波正入射光栅平面情形。

38. 如下图所示，平面波正入射小孔屏 S，孔半径为 r，小孔屏到接收屏 P 的距离为 D。讨论下列情况下圆孔中包含半波带数的变化：

（1）S 与 P 之间的距离不变，增大或减小孔径。

（2）孔径不变，改变 S 与 P 之间的距离。

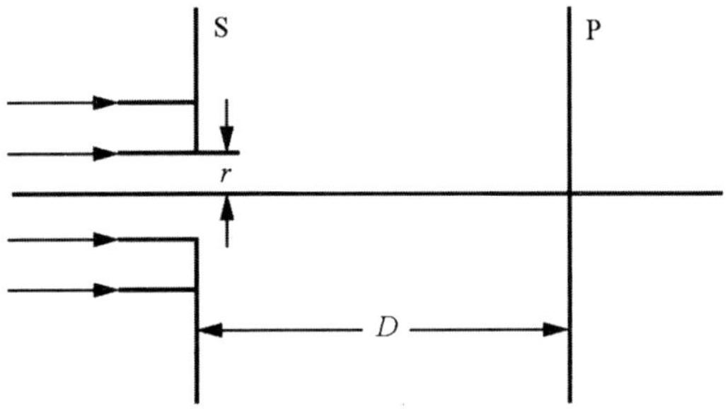

39. 平面波照射半径为 0. 5 mm 的圆孔，在轴上最亮点和最暗点离圆孔中心的距离分别是多少？第二个亮点和第二个暗点离圆孔中心距离是多少？假设波长为 550 nm。

40. 一束 He－Ne 激光（$\lambda=632.8\ \text{nm}$）入射到口径为 1.0 cm 的圆孔，当观察点在光轴上离圆孔 5.0 cm 处时，圆孔的菲涅耳数以及中心波带对应的半径是多少？

41. 准直的 He－Ne 激光（$\lambda=632.8\ \text{nm}$）照射一半径为 2.0 mm 的圆孔，求当观测点分别在 15 cm、1.5 m 和 15 m 处时的菲涅耳波带数。

42. 以全息术的眼光重新看待两束平行光的干涉，如图（a）所示，两束相干的平行光束可分别看作物光波 $\tilde{O}$ 和参考光波 $\tilde{R}$，两者波长相同即其波矢均为 k 值，且方向平行于 xz 平面，与纵轴 z 之夹角分别为 θ_O 和 θ_R。

（1）试写出 $\tilde{O}$ 波与 $\tilde{R}$ 波的干涉场在全息干版 H 面上的波前函数 $\tilde{U}(x,y)$。

（2）当 $\theta_O=\theta_R=1°$ 时，或当 $\theta_O=\theta_R=60°$ 时，求全息干版上所呈现的干涉条纹的间距 Δx。设光波长为 633 nm。

（3）某感光胶片厂生产了一种记录干版，其性能为：感光层厚度 l 约 8 μm，分辨率 2 000 线/mm。若选择 $\theta_O=\theta_R=60°$ 来拍摄这干涉场，该记录介质的分辨率是否适用？

（4）经线性冲洗后获得一张全息图，若用再现光波 $\tilde{R}'$ 照射这张全息图，如图（b）所示，并假设再现光波与沿原记录时的参考光 $\tilde{R}$ 振幅和方向相同，试写出再现光的波前函数

$\tilde{U}_H(x, y)$，并从中分析出该衍射波场的主要成分及其特点。

（5）若照明光波 $\tilde{R}'$正入射于这张全息图，如图（c）所示，试写出再现光的波前函数 $\tilde{U}_H(x, y)$，并从中分析出该衍射波场的主要成分及其特点。

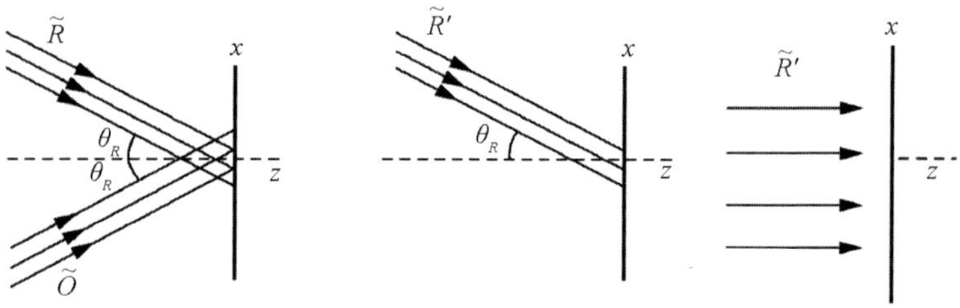

(a)　(b)　(c)

43. 以全息术视角重新审视球面波与平面波的干涉，如图（a）所示，正入射的一束平行光作为一个参考光波 $\tilde{R}$，与轴外点源发射的傍轴球面波 $\tilde{O}$ 相干叠加记录介质 H 平面。

（1）试写出 $\tilde{O}$ 波和 $\tilde{R}$ 波在 H 面上波函数的表达式。设物点位置坐标为（x_0，0，z_0），波长为 λ。

（2）分析全息干版 H 上所呈的干涉条纹的特征。

（3）记录介质经曝光和线性冲洗后成为一张全息图。若用一束平行光 $\tilde{R}'$正入射于这张全息图，如图（b）所示，试写出再现光的波前函数 $\tilde{U}_H(x, y)$，并从中分析出该衍射波场的主要成分及其特点。

场的主要成分及其特点，要求作图示意。

（4）若用一束傍轴球面波 $\tilde{R}'$照明这张全息图，如图（c）所示，试写出再现光的波前函数 $\tilde{U}_H(x,\ y)$，并从中分析出该衍射波场的主要成分及其特点。设照明点源的纵向距离为 z'。

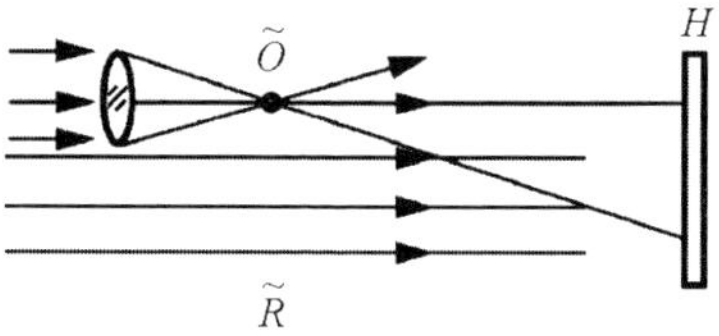

(a)

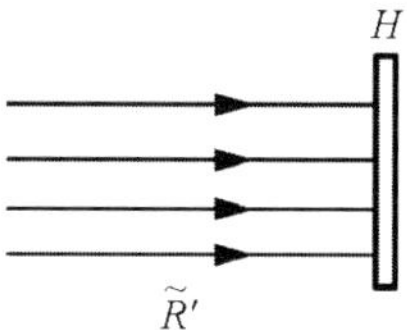

(b)

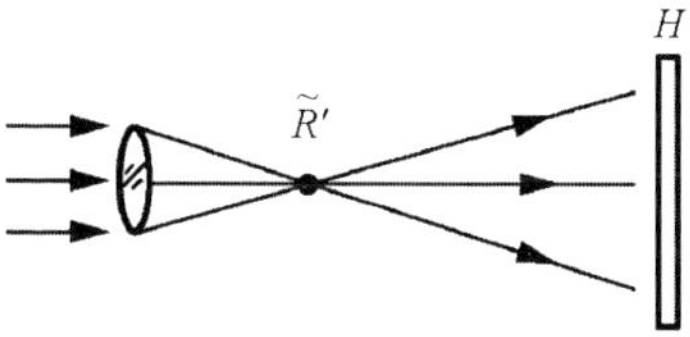

(c)

解答

1. **解：** 根据惠更斯原理，波阵面 Σ 上的每一点发出球面波，球面波振幅正比于波振面复振幅 $\tilde{U}(Q)$ 和面元 $\mathrm{d}S$，产生的次

级球面波表示为

$$\frac{\tilde{U}(Q)\ \mathrm{d}S}{r}\mathrm{e}^{\mathrm{i}kr}$$

菲涅耳认为波场中任一空间位置 P 处的光场，是所有次级波源发射的次级波在该场点的相干叠加，同时考虑到光波只能沿波矢正向传输，引入倾斜因子后，给出光波传输中前方空间 P 点处的光场与已知波振面光场的关系为

$$\tilde{U}(P)=K\iint_{\Sigma}f(\theta_0,\theta)\tilde{U}(Q)\frac{\mathrm{e}^{\mathrm{i}kr}}{r}\mathrm{d}S$$

上式为惠更斯－菲涅耳衍射原理。式中：K 是比例系数；$f(\theta_0,\theta)$ 为倾斜因子，表示次级波源发射的各向异性；θ_0 和 θ 分别表示入射光方向和场点相对波阵面 Σ 上 Q 面元法线方向的方位角。

2. **解**：对光波和声波，当衍射屏孔的半径为 $\rho_0=10\ \mathrm{mm}$，观察屏距衍射屏 $z=1\ \mathrm{m}$ 时，都有

$$\rho_0^2=100\ \mathrm{mm}^2\ll z^2=10^6\ \mathrm{mm}^2$$

成立，满足傍轴条件。

对波长为 $\lambda=500\ \mathrm{nm}$ 的光波，有

$$\frac{z\lambda}{2\pi}=\frac{1\ 000\ \mathrm{mm}\times5\times10^{-4}\ \mathrm{mm}}{2\pi}\approx0.08\ \mathrm{mm}^2\ll\rho_0^2$$

不满足远场条件 $\rho_0^2\ll\frac{z\lambda}{2\pi}$。因此在此光波波长条件下，傍轴条件与远场条件不能同时被满足。

对波长为 $\lambda=3.4\ \mathrm{m}$ 的声波，有

$$\frac{z\lambda}{2\pi}=\frac{1\ 000\ \mathrm{mm}\times 3\ 400\ \mathrm{mm}}{2\pi}\approx 5.4\times 10^{5}\ \mathrm{mm}^{2}\gg\rho_0^2$$

满足远场条件 $\rho_0^2\ll\frac{z\lambda}{2\pi}$。因此在此声波波长条件下，傍轴条件与远场条件能同时被满足。

3. **解**：菲涅耳衍射积分公式为

$$\tilde{U}(x,y)=-\frac{\mathrm{i}\mathrm{e}^{\mathrm{i}kz}}{\lambda z}\mathrm{e}^{\mathrm{i}\frac{k}{2z}(x^2+y^2)}\iint_{-\infty}^{\infty}\left[\tilde{U}(x_0,y_0)\mathrm{e}^{\mathrm{i}\frac{k}{2z}(x_0^2+y_0^2)}\right]\mathrm{e}^{-\mathrm{i}\frac{k}{z}(xx_0+yy_0)}\mathrm{d}x_0\mathrm{d}y_0$$

夫琅禾费衍射积分公式为

$$\tilde{U}(x,y)=-\frac{\mathrm{i}\mathrm{e}^{\mathrm{i}kz}}{\lambda z}\mathrm{e}^{\mathrm{i}\frac{k}{2z}(x^2+y^2)}\iint_{-\infty}^{\infty}\tilde{U}(x_0,y_0)\mathrm{e}^{-\mathrm{i}\frac{k}{z}(xx_0+yy_0)}\mathrm{d}x_0\mathrm{d}y_0$$

两者的区别是：菲涅耳衍射是在傍轴近似条件成立的区域内衍射场的分布，也叫作近场衍射；而夫琅禾费衍射除了满足菲涅耳衍射的近似条件，衍射屏上的波源与观测屏的距离还需要满足远场条件 $k\rho_0^2\ll z$，此条件下近场衍射中的被积函数的二次相位因子 $\frac{k}{2z}\left(x_0^2+y_0^2\right)\ll 1$，满足远场条件的衍射区域为夫琅禾费衍射区。根据被积函数的特点可以看到，菲涅耳衍射可以理解为球面波的叠加，夫琅禾费衍射可以理解为平面波的叠加。

4. **解**：由夫琅禾费衍射远场条件，有

$$z\gg k\rho_0^2=\frac{2\pi}{\lambda}\rho_0^2=\frac{2\pi}{500\times 10^{-9}\ \mathrm{m}}\times\left(1\times 10^{-3}\ \mathrm{m}\right)^2\approx 12.6\ \mathrm{m}$$

一般认为，当距离 z 为 $k\rho_0^2$ 的 5～10 倍时，满足远场条件。因此，观察屏与衍射屏的距离 z 最小约为 63 m 时，满足

远场条件。

5. **答**：由上题计算结果看到，可见光满足远场条件的观察位置与衍射屏的距离非常大，在物理上可以认为无穷大。另一方面，由几何光学知识可知，无穷大处与透镜焦平面是共轭的，因此，从直观物理图像上，可以想象在透镜后焦平面观察光的衍射与光波传输到无穷远处的衍射是等价的。故在透镜后焦平面上可以观察到夫琅禾费衍射，即远场衍射。这一结论在《物理光学导论（第三版）》第5章中，通过透镜的相位变换作用给出了严格的证明。

6. **解**：已知 $\rho_0 = 0.5\ \mathrm{cm}$，$\lambda = 632.8\ \mathrm{nm}$，根据远场条件 $k\rho_0^2 \ll z$，观察距离最小为

$$z = k\rho_0^2 \times 5 = \frac{2\pi}{\lambda}\rho_0^2 \times 5 = \frac{2\pi}{632.8 \times 10^{-9}\ \mathrm{m}} \times (0.5 \times 10^{-2}\ \mathrm{m})^2 \times 5$$

$$\approx 1.24\ \mathrm{km}$$

时，可以看到夫琅禾费衍射图样。

7. **解**：(1) 设计实验光路示意图如下，激光通过扩束器产生一束光强近均匀分布的平行光束，通过狭缝与透镜，在透镜后焦平面观测夫琅禾费衍射强度分布。

(2) 由狭缝衍射光强为零的位置公式

$$a\sin\theta = m\lambda \quad (m = \pm 1,\ \pm 2,\ \cdots)$$

第1、2级前两级衍射极小与零级最大的距离分布为

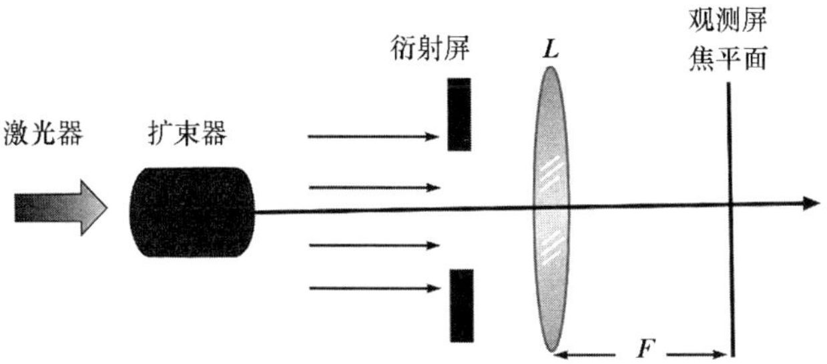

$$\Delta l_1 \approx F\sin\theta_1 = F\frac{\lambda}{a} = 150\ \text{mm} \times \frac{532\ \text{nm}}{0.5\ \text{mm}} \approx 0.16\ \text{mm}$$

$$\Delta l_2 \approx F\sin\theta_2 = 2F\frac{\lambda}{a} = 2 \times 150\ \text{mm} \times \frac{532\ \text{nm}}{0.5\ \text{mm}} \approx 0.32\ \text{mm}$$

第 1 级衍射强度最大满足的角度为

$$a\sin\theta = 1.43\lambda$$

与零级最大处的间距为

$$\Delta l \approx F\theta \approx 150\ \text{mm} \times 1.43 \times \frac{532\ \text{nm}}{0.5\ \text{mm}} \approx 0.23\ \text{mm}$$

(3) 当狭缝宽度调节为 2 μm，激光波长为 1.064 μm 时，由狭缝衍射光强为零的位置公式有

$$\sin\theta = m\frac{\lambda}{a} = \frac{1.064}{2}m \qquad (m = \pm 1,\ \pm 2,\ \cdots)$$

由上式可知，当 $|m| \geqslant 2$ 时，衍射角不存在。表明此条件下的衍射只存在第 1 级衍射零点和第 1 级衍射强度次极大。

第 1 级衍射零点位置为

$$\Delta l_1 = F\tan(\arcsin\theta) = 150\ \text{mm} \times \tan\left(\arcsin\frac{1.064}{2}\right)$$

$\approx 94.2\ \text{mm}$

由第 1 级衍射强度次极大的角度公式

$$a\sin\theta = 1.43\lambda$$

求得第 1 级衍射强度最大与零级最大处的间距为

$$\Delta l \approx F\tan\theta = 150\ \text{mm} \times \tan\left[\arcsin\left(1.43 \times \frac{1.064}{2}\right)\right] \approx 176\ \text{mm}$$

8. **解**：(1) 由 $\rho_0 = 0.1\ \text{mm}$，$\lambda = 632.8\ \text{nm}$，求得

$$k\rho_0^2 = \frac{2\pi}{\lambda}\rho_0^2 = \frac{2\pi}{632.8 \times 10^{-9}\ \text{m}} \times (0.1 \times 10^{-3}\ \text{m})^2 \approx 0.1\ \text{m} \ll 2\ \text{m}$$

可知衍射屏位置满足远场条件 $k\rho_0^2 \ll z$。

(2) 中央最大衍射光斑的宽度为

$$x = 2\Delta\theta \cdot F = 2\frac{\lambda}{\rho_0} \cdot F = 2 \times \frac{632.8 \times 10^{-9}\ \text{m}}{0.1 \times 10^{-3}\ \text{m}} \times 2\ \text{m} \approx 0.025\ \text{m}$$

9. **解**：斜入射平行光在单缝处的波前函数为

$$\tilde{u}_0(x_0, y_0) = A e^{ikx_0\sin\theta_0}$$

单缝夫琅禾费衍射场为

$$\begin{aligned}
\tilde{U}(\theta) &= -\frac{ibe^{ikF}}{\lambda F} e^{i\frac{kF}{2}\sin^2\theta} \int_{-\frac{a}{2}}^{\frac{a}{2}} \tilde{u}_0(x_0, y_0) e^{-ik\sin\theta x_0} dx_0 \\
&= -\frac{iAbe^{ikF}}{\lambda F} e^{i\frac{kF}{2}\sin^2\theta} \int_{-\frac{a}{2}}^{\frac{a}{2}} e^{ikx_0\sin\theta_0} e^{-ik\sin\theta x_0} dx_0 \\
&= -\frac{iAbe^{ikF}}{\lambda F} e^{i\frac{kf}{2}\sin^2\theta} \int_{-\frac{a}{2}}^{\frac{a}{2}} e^{-ik(\sin\theta - \sin\theta_0)x_0} dx_0 \\
&= -\tilde{c}e^{ikF} e^{i\frac{kF}{2}\sin^2\theta} \frac{\sin\alpha}{\alpha}
\end{aligned}$$

式中，

$$\begin{cases} \tilde{c} = \dfrac{\mathrm{i}Aba}{\lambda F} \\ \alpha = \dfrac{\pi a\ (\sin\theta - \sin\theta_0)}{\lambda} \end{cases}$$

衍射光强分布为

$$I(\theta) = \widetilde{U}\,\widetilde{U}^* = I_0 \mathrm{sinc}^2\alpha$$

其中：$I_0 = \tilde{c}\tilde{c}^*$，$\mathrm{sinc}\alpha = \dfrac{\sin\alpha}{\alpha}$。$I_0$ 是中央亮纹中心强度，θ 是衍射角，θ_0 是入射角。零级衍射需要满足 $\alpha = \dfrac{\pi a}{\lambda}(\sin\theta - \sin\theta_0) = 0$，即 $\theta = \theta_0$。零级衍射斑的中心位置在几何像点处。

10. **解：** 以矩孔的长边计算远场条件，有

$$k\rho_0^2 = \frac{2\pi}{\lambda}\rho_0^2 = \frac{2\pi}{632.8\times10^{-9}\ \mathrm{m}}\times(0.2\times10^{-3}\ \mathrm{m})^2 \approx 0.2\ \mathrm{m}$$

表明 $k\rho_0^2$ 的大小远小于观察屏离衍射屏的 3 m 距离，满足远场条件。由矩孔夫琅禾费衍射中心光斑的半角宽公式

$$\theta_x \approx \frac{\lambda}{a} \approx 0.003$$

$$\theta_y \approx \frac{\lambda}{b} \approx 0.006$$

夫琅禾费衍射强度分布的中心光斑大小为

$$\Delta x = 2\Delta\theta_x \cdot z = 2\frac{\lambda}{a}\cdot z = 2\times\frac{632.8\times10^{-6}\ \mathrm{mm}}{0.2\ \mathrm{mm}}\times3\ 000\ \mathrm{mm} \approx 19\ \mathrm{mm}$$

$$\Delta y = 2\Delta\theta_y \cdot z = 2\frac{\lambda}{b}\cdot z = 2\times\frac{632.8\times10^{-6}\ \mathrm{mm}}{0.1\ \mathrm{mm}}\times3\ 000\ \mathrm{mm} \approx 38\ \mathrm{mm}$$

11. **解**：正六边形光阑对光有三个方向的约束，衍射图样向三个方向扩展，三个方向的衍射夹角为60°，如下图所示。

12. **解**：由题意，当 $x = ka\sin\theta = 3.832$ 时，$\left[2\frac{J_1(x)}{x}\right]^2 = 0$，中心光斑（艾里斑）强度最小位置相对中心轴的张角

$$\theta \approx \sin\theta = 3.832 \times \frac{1}{ka} = 3.832 \times \frac{\lambda}{2\pi a} = \frac{3.832}{\pi} \times \frac{\lambda}{2a} \approx 1.22\frac{\lambda}{D}$$

中央光斑即艾里斑的张角

$$\sin\theta = 1.22\frac{\lambda}{2a} = 1.22\frac{\lambda}{D}$$

其中，a 为衍射孔的半径，$D = 2a$ 为衍射孔的直径。

13. **解**：(1) 可以应用圆孔夫琅禾费衍射艾里斑半角宽度估算，衍射发散角为

$$\theta = 2\Delta\theta = 2 \times 1.22 \times \frac{\lambda}{D} = 2 \times 1.22 \times \frac{650 \times 10^{-6}\ \text{mm}}{2\ \text{mm}}$$

$$= 7.93 \times 10^{-4}\ \text{rad}$$

(2) 根据第 10 题的计算结果，该光束传输 10 m 远时，为夫琅禾费衍射，光斑尺寸可以按艾里斑大小进行计算。该光斑直径为

$$x_1=\theta\cdot z_1=7.93\times10^{-4}\ \text{rad}\times10\ \text{m}=7.93\ \text{mm}$$

(3) 月地平均距离约为 3.84×10^5 km，此光束射至月球表面光斑直径为

$$x_2=\theta\cdot z_2=7.93\times10^{-4}\ \text{rad}\times3.84\times10^5\ \text{km}\approx304.5\ \text{km}$$

14. **解：** Nd：YAG 倍频激光波长为 532 nm，通过直径为 0.05 mm的圆孔衍射屏。通过简单估算可知，在距孔 1 m 处的屏上观察到的衍射为夫琅禾费衍射。因此，中心衍射光斑为艾里斑。由艾里斑半角宽度公式

$$\Delta\theta=1.22\frac{\lambda}{D}$$

可求得其艾里斑直径为

$$R=2\times\Delta\theta\cdot z=2\times1.22\times\frac{532\ \text{nm}}{0.05\ \text{mm}}\times1\ 000\ \text{mm}\approx26\ \text{mm}$$

若孔直径为 2 μm，则艾里斑的直径为

$$R_2=2\times\Delta\theta\cdot z=2\times1.22\times\frac{532\ \text{nm}}{2\times10^{-3}\ \text{mm}}\times1\ 000\ \text{mm}\approx649\ \text{mm}$$

15. **解：** 由艾里斑半角宽度公式 $\Delta\theta=1.22\frac{\lambda}{D}$，可求得艾里斑半径为

$$r=\Delta\theta\cdot F=1.22\times\frac{\lambda}{D}F=1.22\times\frac{630\ \text{nm}}{2\ \text{mm}}\times150\ \text{mm}\approx0.06\ \text{mm}$$

16. **解**：激光在人眼视网膜上形成艾里斑的半径为

$$r=F\Delta\theta=1.22\frac{\lambda}{D}F=1.22\times\frac{532\ \text{nm}}{2\ \text{mm}}\times25\ \text{mm}\approx8.1\times10^{-3}\ \text{mm}$$

激光入射到人眼视网膜上的光功率密度为

$$I=\frac{W_0\times84\%}{\pi r_1^2}=\frac{1\ \text{mW}\times84\%}{\pi\times(8.1\times10^{-3}\ \text{mm})^2}\approx4\times10^2\ \text{W/cm}^2$$

这是非常强的功率密度。

17. **解**：瞳孔面积为

$$S_0=\pi r^2=\pi\times\ (1\ \text{mm})^2\approx3\times10^{-2}\ \text{cm}^2$$

进入人眼的功率为

$$P_0=40\ \text{W}\times\frac{\pi r^2}{4\pi R^2}=40\ \text{W}\times\frac{\pi\times\ (1\ \text{mm})^2}{4\pi\times\ (5\ \text{m})^2}=4\times10^{-7}\ \text{W}$$

根据几何光学，光源在人眼成像半径为

$$r_0=3\ \text{cm}\times\frac{25\ \text{mm}}{5\ 000\ \text{mm}}=1.5\times10^{-2}\ \text{cm}$$

因此，在视网膜上的功率密度为

$$I_0=\frac{P_0}{\pi r_0^2}=\frac{4\times10^{-7}\ \text{W}}{\pi\times(1.5\times10^{-2}\ \text{cm})^2}\approx5.7\times10^{-4}\ \text{W/cm}^2$$

18. **解**：激光聚焦到 20 cm 处的光斑为艾里斑，其半径为

$$r=1.22\frac{\lambda F}{D}=1.22\times\frac{1.064\ \mu\text{m}\times20\ \text{cm}}{5\ \text{mm}}=0.052\ \text{mm}$$

艾里斑占总入射能量的 84%，因此在焦平面处被吸收的激光平均功率密度为

$$I\approx\frac{P\times84\%}{S}\times90\%=\frac{500\ \text{W}\times84\%}{\pi\times(0.052\ \text{mm})^2}\times90\%$$

$$\approx 4.4\times 10^{6}\ \mathrm{W/cm^2}$$

聚焦在焦平面上的平均功率密度大于材料的熔融阈值，因此可以实现切割加工。

19. **解：** 根据瑞利判据，望远镜的最小分辨角为

$$\delta\theta=\Delta\theta=1.22\,\frac{\lambda}{D}=1.22\times\frac{550\ \mathrm{nm}}{2.4\ \mathrm{m}}\approx 2.8\times 10^{-7}\ \mathrm{rad}$$

可分辨的5光年外的最近两个星体间的距离为

$$\Delta L=\delta\theta\cdot L=2.8\times 10^{-7}\ \mathrm{rad}\times 5\times(365\times 24\times 3\,600\times 3\times 10^{8}\ \mathrm{m})$$
$$=1.33\times 10^{7}\ \mathrm{km}$$

20. **解：** 望远镜的最小分辨角为

$$\delta\theta=\frac{\Delta l}{L}$$

根据瑞利判据，望远镜的最小分辨角 $\delta\theta$ 等于理想成像分辨角：

$$\delta\theta=\delta\theta_m=1.22\,\frac{\lambda}{D}$$

则望远镜的口径至少为

$$D=1.22\,\frac{\lambda}{\delta\theta}=1.22\,\frac{\lambda L}{\Delta l}=1.22\times\frac{550\ \mathrm{nm}\times 1.5\times 10^{8}\ \mathrm{km}}{10\ \mathrm{km}}\approx 10.1\ \mathrm{m}$$

21. **解：** 根据瑞利判据，大小为 $\Delta l=1\ \mathrm{m}$ 的物体，在离人眼 L 处张角为

$$\Delta\theta=\frac{\Delta l}{L}$$

艾里斑半角宽度为

$$\delta\theta = 1.22\frac{\lambda}{D}$$

根据瑞利判据，物体的张角与艾里斑半角宽度相等，可以分辨，求得

$$\Delta\theta = \delta\theta \Rightarrow \frac{\Delta l}{L} = 1.22\frac{\lambda}{D}$$

$$L = \frac{\Delta l}{1.22\lambda}D = \frac{1\ \text{m}}{1.22\times 550\ \text{nm}}\times 2\ \text{mm} \approx 3\ \text{km}$$

22. **解：** 由瑞利判据可知，在白天视野很好的条件下，人眼的最小分辨角为

$$\delta\theta_e = 1.22\frac{\lambda}{D_e} = 1.22\times\frac{550\times 10^{-9}\ \text{m}}{2\times 10^{-3}\ \text{m}} = 3.36\times 10^{-4}\ \text{rad}$$

参考上题解法，求得人眼可以分辨 10 m 远处物体尺寸的大小为

$$\Delta l = \delta\theta_e L = 1.22\frac{\lambda}{D_e}L = 3.36\times 10^{-4}\ \text{rad}\times 10\ \text{m} \approx 3.4\ \text{mm}$$

同样可以求得在 8 km 高空的飞机上可以看清地面物体的尺寸为

$$\Delta l = \delta\theta_e L = 3.36\times 10^{-4}\ \text{rad}\times 8\ \text{km} \approx 2.7\ \text{m}$$

23. **解：** 相机的分辨极限由艾里斑大小确定，则该相机能达到的最高分辨率为

$$d = \Delta\theta\cdot F = 1.22\frac{\lambda}{D}\cdot F = 1.22\times\frac{550\times 10^{-6}\ \text{mm}}{6\ \text{mm}}\times 5\ \text{mm} = 0.56\ \mu\text{m}$$

因此每一个物点的像的大小为

$$\Delta l = 2d \approx 1.12\ \mu\text{m}$$

因此，为了使相机的理想分辨率与像素大小相匹配，相机的像素尺寸的最佳值为 1.12 μm。如果相机像素大于该值，分辨率会下降，小于该值，则浪费像素。

当相机为 1 024×768 像素时，成像 CCD 靶面尺寸为

$$S = (1\,024 \times 1.12\ \mu\text{m}) \times (768 \times 1.12\ \mu\text{m}) \approx 1.45\ \text{mm} \times 0.86\ \text{mm}$$

24. **解**：夜晚人眼的极限分辨角为

$$\delta\theta_e = 1.22 \times \frac{\lambda}{D_e} = 1.22 \times \frac{550 \times 10^{-9}\ \text{m}}{7 \times 10^{-3}\ \text{m}} = 9.5 \times 10^{-5}\ \text{rad}$$

根据瑞利判据，船员目测能分辨两盏灯时，与灯的最大距离为

$$L = \frac{\Delta l}{\delta\theta_e} = \frac{5\ \text{m}}{9.5 \times 10^{-5}\ \text{m}} \approx 52\ \text{km}$$

若两盏灯相距 50 cm，船员目测能分辨两盏灯时，与灯的最大距离为

$$L = \frac{\Delta l}{\delta\theta_e} = \frac{0.5\ \text{m}}{9.5 \times 10^{-5}\ \text{rad}} \approx 5.2\ \text{km}$$

25. **解**：(1) 根据夫琅禾费衍射积分公式，中心狭缝的夫琅禾费衍射场为

$$\tilde{U}_1(\theta) = c\int_{-\frac{a}{2}}^{\frac{a}{2}} e^{ik\sin\theta x_0}\,dx_0 = \tilde{c}\,\frac{\sin\alpha}{\alpha}$$

式中，$\tilde{c}$ 为常复数，$\alpha = \dfrac{\pi a \sin\theta}{\lambda}$。

另一个狭缝的夫琅禾费衍射场为

$$\tilde{U}_2(\theta) = c\int_{-\frac{a}{2}+d}^{\frac{a}{2}+d} e^{-ik\sin\theta x_0} dx_0$$

作变量代换 $x_0' = x_0 - d$，代入上式得

$$\tilde{U}_2(\theta) = c\int_{-\frac{a}{2}}^{\frac{a}{2}} e^{-ik\sin\theta(x_0'+d)} dx_0' = \tilde{c}\frac{\sin\alpha}{\alpha}e^{-ikd\sin\theta} = e^{-ikd\sin\theta}\tilde{U}_1(\theta)$$

得双孔的衍射场为

$$\tilde{U}(\theta) = \tilde{U}_1(\theta) + \tilde{U}_2(\theta) = (1+e^{ikd\sin\theta})\tilde{U}_1(\theta)$$

$$=2e^{-ikd\sin\theta/2}\tilde{U}_1(\theta)\cos\frac{kd\sin\theta}{2}$$

（2）双缝的夫琅禾费衍射强度为

$$I = |\tilde{U}(\theta)|^2 = I_0\left(\frac{\sin\alpha}{\alpha}\right)^2\cos^2\frac{kd\sin\theta}{2}$$

其中，$I_0 = |\tilde{c}|^2$。

26. **解：** 圆孔在透镜后焦平面的夫琅禾费衍射场为

$$\tilde{U}(\theta) = \tilde{c}\left[2\frac{J_1(ka\sin\theta)}{ka\sin\theta}\right]$$

其中，$\tilde{c} = -\frac{iAe^{ikf}}{\lambda f}$，$\theta$ 为场点 P 对透镜中心的张角，$J_1(x)$ 为一阶贝塞尔函数。

设题图中下面圆孔的衍射场为 $\tilde{U}_1 = \tilde{U}$。由位移－相移定理，第二个圆孔的衍射场为

$$\tilde{U}_2 = e^{i\delta}\tilde{U}$$

式中，$\delta = -kd\sin\theta$，是相对第一个圆孔衍射场产生的相移。

双圆孔产生的夫琅禾费衍射场的叠加场为

$$\widetilde{U}(\theta)=\widetilde{U}_1+\widetilde{U}_2=\widetilde{U}_1(1+e^{i\delta})=e^{-\frac{1}{2}ikd\sin\theta}\widetilde{U}\cdot\cos\gamma$$

其中，$\gamma=\frac{1}{2}kd\sin\theta$。双圆孔的夫琅禾费衍射的衍射强度为

$$I=|\widetilde{U}|^2=I_0^2\left[2\frac{J_1(ka\sin\theta)}{ka\sin\theta}\right]^2(\cos\gamma)^2$$

双圆孔夫琅禾费衍射强度分布如下图所示。

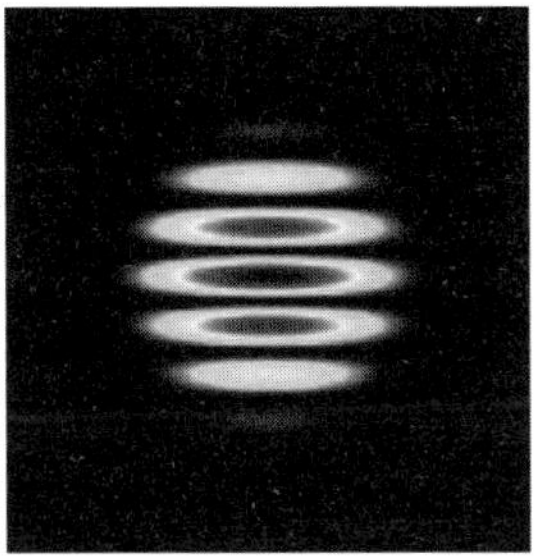

27. **解：** 中心方孔的夫琅禾费衍射场为

$$\tilde{u}_1(\theta_1,\theta_2)=\tilde{c}\frac{\sin\alpha}{\alpha}\cdot\frac{\sin\beta}{\beta}$$

式中，$\alpha=\frac{\pi a\sin\theta_1}{\lambda}$，$\beta=\frac{\pi a\sin\theta_2}{\lambda}$。由图可知，方孔 2 和 3 中心坐标分别为 (a, a) 和 $(-a, -a)$。由位移 - 相移定理，方孔 2 和 3 的衍射场分别为

$$\tilde{u}_2(\theta_1,\theta_2)=\widetilde{P}_2(\theta_1,\theta_2)\tilde{u}_1(\theta_1,\theta_2)$$

$$\tilde{u}_3(\theta_1,\theta_2)=\widetilde{P}_3(\theta_1,\theta_2)\tilde{u}_1(\theta_1,\theta_2)$$

式中

$$\tilde{P}_2(\theta_1,\ \theta_2) = e^{-ika(\sin\theta_1+\sin\theta_2)}$$

$$\tilde{P}_3(\theta_1,\ \theta_2) = e^{ika(\sin\theta_1+\sin\theta_2)}$$

所以，这三个方孔总的衍射场为

$$\tilde{U}(\theta_1,\theta_2) = \tilde{U}_1(\theta_1,\theta_2) + \tilde{U}_2(\theta_1,\theta_2) + \tilde{U}_3(\theta_1,\theta_2)$$

$$= \{1 + 2\cos[ka(\sin\theta_1 + \sin\theta_2)]\}\tilde{U}_1(\theta_1,\theta_2)$$

28. **解：** 纵横织成的布料可以看作相互垂直的一维光栅的叠加。在 20 m 处观察衍射场，可近似为夫琅禾费衍射。因此在 x 和 y 方向，经纬线的距离 d_1 和 d_2 分别为 x、y 方向的光栅常数，分别满足光栅方程

$$d_1\sin\theta_1 = m_1\lambda \quad (m_1 = 0,\ 1,\ 2,\ \cdots)$$

$$d_2\sin\theta_2 = m_2\lambda \quad (m_2 = 0,\ 1,\ 2,\ \cdots)$$

中心零级到 1 级最大的间距分布为

$$\theta_1 \approx \sin\theta_1 = \frac{\lambda}{d_1}$$

$$\theta_2 \approx \sin\theta_2 = \frac{\lambda}{d_2}$$

布料经纬线间距分别为

$$L\theta_1 = \frac{L\lambda}{d_1} = 12\ \text{cm} \quad \Rightarrow \quad d_1 = \frac{L\lambda}{12\ \text{cm}} \approx 0.089\ \text{mm}$$

$$L\theta_2 \approx \frac{L\lambda}{d_2} = 10\ \text{cm} \quad \Rightarrow \quad d_2 = \frac{L\lambda}{10\ \text{cm}} \approx 0.11\ \text{mm}$$

29. **解：** 根据光栅在 m 级能分辨两谱线波长差 $\delta\lambda$ 公式

$$\delta\lambda = \frac{\lambda}{mN} = \frac{\lambda}{mD/d}$$

求得光栅常数为

$$d = mD\frac{\delta\lambda}{\lambda} = 2\times 50\ \text{mm} \times \frac{(670.791\ \text{mm} - 670.776\ \text{mm})}{670.7835\ \text{nm}} \approx 2.24\ \mu\text{m}$$

30. **解：** 根据光栅公式

$$d\sin\theta_m = m\lambda$$

求得第 2 和第 3 级主峰的角分别为

$$\sin\theta_1 = \frac{2\lambda}{d} = \frac{2\times 532\times 10^{-9}}{1/120\times 10^{-3}} \approx 0.128$$

$$\sin\theta_2 = \frac{3\lambda}{d} = \frac{3\times 532\times 10^{-9}}{1/120\times 10^{-3}} \approx 0.192$$

由主极大半角宽度公式

$$\Delta\theta_m = \frac{\lambda}{Nd\cos\theta_m}$$

求得第 2 和第 3 级主峰的半角宽度为

$$\Delta\theta_1 = \frac{\lambda}{Nd\cos\theta_1} = \frac{532\times 10^{-9}}{0.1\times\cos\ (\arcsin 0.128)} \approx 5.36\times 10^{-6}\ \text{rad}$$

$$\Delta\theta_2 = \frac{\lambda}{Nd\cos\theta_2} = \frac{532\times 10^{-9}}{0.1\times\cos\ (\arcsin 0.192)} \approx 5.42\times 10^{-6}\ \text{rad}$$

若该光栅的 $\frac{d}{a}=5$，由 $\frac{d}{a}=\frac{m}{m'}$ 可得，缺失的主峰为第 5 级、第 10 级等 $\frac{m}{m'}=5$ 的级数。

31. **解：** 由光栅公式

$$d\sin\theta = m\lambda$$

可见光第 1 级衍射角范围为

$$400\ \text{nm} \leqslant d\sin\theta \leqslant 700\ \text{nm}$$

可见光第 2 级衍射角范围为

$$2\times 400\ \text{nm} \leqslant d\sin\theta \leqslant 2\times 700\ \text{nm}$$

比较可见光第 1 级与第 2 级衍射角范围，可知第 1 级和第 2 级衍射光谱不会重叠。

32. **解：** 光栅衍射第 m 级的半角宽度为

$$\Delta\theta_m = \frac{\lambda}{D\cos\theta_m}$$

相邻谱线第 m 级的角间距为

$$\delta\theta_m \doteq \frac{m\delta\lambda}{d\cos\theta_m}$$

相邻两条谱线分开需要满足

$$\delta\theta_m \geqslant \Delta\theta_m$$

即$\dfrac{m\delta\lambda}{d\cos\theta_m} \geqslant \dfrac{\lambda}{D\cos\theta_m}$，得：

$$m \geqslant \frac{\lambda}{\delta\lambda\ (D/d)} = \frac{600\ \text{nm}}{0.1\ \text{nm}\times\dfrac{2\ \text{cm}}{1\ \text{mm}/200}}$$

$$= \frac{600\ \text{nm}}{0.1\ \text{nm}\times\ (20\times 200)} = 1.5$$

即衍射级从第 2 级起，该光栅可以分辨 600 nm 和 600.1 nm 的两条谱线。

33. **解:** 光栅方程

$$d\sin\theta = m\lambda$$

当 $\sin\theta = \dfrac{m\lambda}{d} \leqslant 1$ 时，在确定的光栅常数 d 和波长条件下，可以看到主极大衍射级有限。由题意，该光栅可以观测到最大主衍射级 $m = 5$，因此光栅常数满足

$$d \geqslant 5\lambda$$

另一方面，按题意看不到第 6 级以上的主极大，即由光栅方程可知，有

$$\sin\theta = \frac{6\lambda}{d} > 1 \quad \Rightarrow \quad d < 6\lambda$$

因此光栅常数的取值范围为

$$5\lambda \leqslant d < 6\lambda$$

或
$$2.675\ \mu\text{m} \leqslant d < 3.21\ \mu\text{m}$$

又由光栅方程，由衍射角为 35°的第 p 级主极大，得到光栅常数满足

$$d = \frac{p\lambda}{\sin\theta_n} = p\,\frac{535\ \text{nm}}{\sin 35^\circ} \approx 0.93p\ \mu\text{m}$$

考虑到光栅常数的取值范围为 $2.675\ \mu\text{m} \leqslant d < 3.21\ \mu\text{m}$，衍射角为 35°处的主极大的衍射级应为：$p = 3$。将该值代入上式，求得光栅常数为：

$$d = 0.93 \times 3\ \mu\text{m} \approx 2.79\ \mu\text{m}$$

34. **解:** 根据光栅公式 $d\sin\theta_m = m\lambda$，可见光最短光谱 400 nm 光波的前三级主峰角位置分别为

$$\sin\theta_1=\frac{\lambda}{d}=\frac{400\times10^{-9}}{\frac{1}{590}\times10^{-2}}=2.36\times10^{-2}\Rightarrow\theta_1\approx1.35°$$

$$\sin\theta_2=\frac{2\lambda}{d}=4.72\times10^{-2}\Rightarrow\theta_2\approx2.71°$$

$$\sin\theta_3=\frac{3\lambda}{d}=7.08\times10^{-2}\Rightarrow\theta_3\approx4.06°$$

可见光最长光谱700 nm光波的前三级主峰角位置分别为

$$\sin\theta_1'=\frac{\lambda}{d}=\frac{700\times10^{-9}}{\frac{1}{590}\times10^{-2}}=4.13\times10^{-2}\Rightarrow\theta_1'=2.37°$$

$$\sin\theta_2'=\frac{2\lambda}{d}=8.26\times10^{-2}\Rightarrow\theta_2'=4.74°$$

$$\sin\theta_3'=\frac{3\lambda}{d}=0.124\Rightarrow\theta_3'=7.12°$$

由上结果得到：可见光第1级、第2级和第3级光谱的角宽度分别为1.02°、2.03°和3.06°；又由于$\theta'_2>\theta_3$，第2级光谱与第3级光谱存在光谱重叠区。

35. **解：**（1）根据光栅方程$d\sin\theta_m=m\lambda$，第1级主极大衍射角为

$$\sin\theta=\frac{\lambda}{d}=\frac{589.3\times10^{-9}}{0.1\times10^{-3}}=5.893\times10^{-3}$$

根据半角宽度公式$\Delta\theta_m=\dfrac{\lambda}{Nd\cos\theta_m}$，钠黄光在光栅衍射第1级主极大处的半角宽度为

$$\Delta\theta=\frac{\lambda}{Nd\cos\theta}=\frac{589.3\times10^{-9}}{0.025\times\cos(\arcsin\theta)}=2.36\times10^{-5}\ \text{rad}$$

（2）对光栅方程 $d\sin\theta_m=m\lambda$ 求导，有

$$d\cos\theta_m\delta\theta_m=m\delta\lambda\Rightarrow\delta\theta_1=\frac{\delta\lambda}{d\cos\theta_1}=\frac{\delta\lambda}{d\cos\left(\arcsin\frac{\lambda}{d}\right)}$$

$$\approx\frac{0.6\ \text{nm}}{0.1\ \text{mm}}=6\times10^{-6}\ \text{rad}$$

（3）根据 $\delta\lambda=\dfrac{\lambda}{mD/d}$ 可得到能够分辨两条谱线所需要的光栅常数为

$$\frac{1}{d}=\frac{\lambda}{\delta\lambda\cdot m\cdot D}=\frac{589.3}{(589.6-589)\times1\times25\ \text{mm}}\approx39/\text{mm}$$

由于 $d\approx0.026\ \text{mm}<0.1\ \text{mm}$，因此该光栅不满足要求。

36. **解：**（1）根据光栅方程 $d\sin\theta_m=m\lambda$，第 1 级主极大的衍射角为

$$\sin\theta_1=\frac{\lambda}{d}=\frac{632.8\times10^{-6}\ \text{mm}}{(1/1\ 200)\ \text{mm}}\approx0.76$$

光栅第 1 级光谱的角色散本领为

$$D_\theta=\frac{\delta\theta}{\delta\lambda}=\frac{1}{d\cos\theta_1}=\frac{1\ 200\ \text{线/mm}\times10^{-6}}{\cos(\arcsin0.76)}\approx1.8\times10^{-3}\ \text{rad/nm}$$

（2）第 1 级光谱的线分辨本领为

$$D_1=FD_\theta=\frac{F}{d\cos\theta_1}=45\ \text{mm}\times\frac{1\ 200\ \text{线/mm}\times10^{-6}}{\cos(\arcsin0.76)}$$

$$\approx8.3\times10^{-2}\ \text{mm/nm}$$

（3）由色分辨本领公式 $R=mN$，第 1 级光谱的色分辨

本领为

$$R_1 = 200\ \text{mm} \times 1\ 200\ 线/\text{mm} = 2.4 \times 10^5$$

（4）由色分辨本领定义式 $R = \lambda/\delta\lambda$ 和（3）的结果，第 1 级衍射和第 2 级衍射能分辨的最小波长间隔分别为

$$\delta\lambda_1 = \frac{\lambda}{R_1} = \frac{632.8\ \text{nm}}{2.4 \times 10^5} \approx 2.64 \times 10^{-3}\ \text{nm}$$

$$\delta\lambda_2 = \frac{\lambda}{2R_1} = \frac{632.8\ \text{nm}}{2 \times 2.4 \times 10^5} \approx 1.32 \times 10^{-3}\ \text{nm}$$

37. **解：** 光波正入射光栅平面，其闪耀光栅的光栅方程为 $d\sin 2\theta_b = m\lambda_{1b}$。为了使波长 400 nm 波光一级闪耀，闪耀角应为

$$\sin 2\theta_b = \frac{\lambda_{1b}}{d} = \frac{400 \times 10^{-6}\ \text{mm}}{\frac{1}{1\ 500}\ \text{mm}} = 0.6 \Rightarrow \theta_b \approx 18.43°$$

闪耀方向与光栅平面垂直方向的夹角为

$$\theta = 2\theta_b \approx 36.86°$$

38. **解：**（1）由第 m 个波带边界半径与小孔屏到接收屏的距离 D 公式

$$r_m = \sqrt{mD\lambda}$$

半波带数为

$$m = \frac{r_m^2}{D\lambda}$$

若 D 不变，半波带与小孔半径平方成正比关系。

（2）由以上公式可知，当小孔孔径不变时，半波带数

与小孔屏到接收屏的距离 D 成反比。

39. **解**：根据波带数 m、波带半径以及小孔屏到观测屏的距离 D 的关系式

$$r_m = \sqrt{mD\lambda}$$

在轴上为亮点时，波带数为奇数，有

$$r = \sqrt{(2m+1)\ D\lambda} \quad (m=0,\ 1,\ \cdots)$$

在轴上为暗点时，波带数为偶数，有

$$r = \sqrt{2mD\lambda} \quad (m=1,\ 2,\ \cdots)$$

只有一个波带时，对应轴上光最亮；有两个波带时，对应轴上光最暗。因此，最亮点和最暗点离圆孔中心距离分别为

$$D_{1亮} = \frac{r^2}{\lambda} = \frac{(0.5\ \text{mm})^2}{550\ \text{nm}} \approx 0.45\ \text{m}$$

$$D_{1暗} = \frac{r^2}{2\lambda} = \frac{(0.5\ \text{mm})^2}{2\times 550\ \text{nm}} \approx 0.23\ \text{m}$$

同样第二个亮点包含 3 个波带，第二个暗点包含 4 个波带，它们的位置分别为

$$D_{2亮} = \frac{r^2}{3\lambda} = \frac{(0.5\ \text{mm})^2}{550\ \text{nm}} \approx 0.15\ \text{m}$$

$$D_{2暗} = \frac{r^2}{4\lambda} = \frac{(0.5\ \text{mm})^2}{2\times 550\ \text{nm}} \approx 0.11\ \text{m}$$

40. **解**：由菲涅耳数公式

$$N_F = \frac{a^2}{\lambda r_0}$$

口径为 1.0 cm 的圆孔的菲涅耳数为

$$N_{\mathrm{F}}=\frac{(5\ \mathrm{mm})^2}{632.8\ \mathrm{nm}\times 50\ \mathrm{mm}}\approx 790$$

中心波带对应的半径为

$$\rho_1=\sqrt{r_0\lambda}=\sqrt{50\ \mathrm{mm}\times 632.8\ \mathrm{nm}}\approx 0.18\ \mathrm{mm}$$

41. **解：** 由 $N_{\mathrm{F}}=\dfrac{a^2}{\lambda r_0}$ 可得，当观测点距离 15 cm 时，菲涅耳数为

$$N_{\mathrm{F}_1}=\frac{0.002^2}{632.8\times 10^{-9}\times 0.15}\approx 42$$

当观测点距离 1.5 m 时，菲涅耳数为

$$N_{\mathrm{F}_2}=\frac{0.002^2}{632.8\times 10^{-9}\times 1.5}\approx 4.2$$

当观测点距离 15 m 时，菲涅耳数为

$$N_{\mathrm{F}_3}=\frac{0.002^2}{632.8\times 10^{-9}\times 15}\approx 0.42$$

42. **解：**（1）在 H 上的物光波 $\tilde{O}$ 和参考光波 $\tilde{R}$ 的波前函数分别为

$$\tilde{O}(x,\ y)=A_O\mathrm{e}^{\mathrm{i}kx\sin\theta_O}$$

$$\tilde{R}(x,\ y)=A_R\mathrm{e}^{-\mathrm{i}kx\sin\theta_R}$$

这里初始相位 $\varphi_O(0)=\varphi_R(0)=0$，不影响以下分析及其结论。

（2）两者相干叠加于记录介质 H 面上，合成的波前函数为

$$\widetilde{U}(x,\ y)\ =\widetilde{O}+\widetilde{R}=A_O\mathrm{e}^{\mathrm{i}kx\sin\theta_O}+A_R\mathrm{e}^{-\mathrm{i}kx\sin\theta_R}$$

相应的干涉强度分布为

$$I_H(x,y)=(\widetilde{O}+\widetilde{R})\cdot(\widetilde{O}^*+\widetilde{R}^*)$$
$$=A_O^2+A_R^2+2A_OA_R\cos[k(\sin\theta_O+\sin\theta_R)x]$$

其中，交叉项决定了这强度的具体分布，因而也就决定了其条纹间距为

$$\Delta x=\frac{\lambda}{\sin\theta_O+\sin\theta_R}$$

根据题意，分别令 $\theta_O=\theta_R\approx1°$和 $\theta_O=\theta_R\approx60°$，分别算出

$$\Delta x_1=\frac{0.633\ \mu\mathrm{m}}{2\sin1°}\approx18\ \mu\mathrm{m},\quad f_1=\frac{1}{\Delta x_1}\approx55\ 线/\mathrm{mm}$$

$$\Delta x_2=\frac{0.633\ \mu\mathrm{m}}{2\sin60°}\approx0.37\ \mu\mathrm{m},\quad f_2=\frac{1}{\Delta x_2}\approx2\ 740\ 线/\mathrm{mm}$$

由此可见，f_1 系低频，而 f_2 系超高频，其对应的条纹间距 $\Delta x_2<\lambda$。

(3) 若选择 $\theta_O=\theta_R=60°$来拍摄这干涉场，由上述计算结果可知，胶片感光层的分辨率应该大于 2 740 线/mm，而此胶片的分辨率为 2 000 线/mm，所以并不适用。

(4) 经曝光和线性冲印后，这张干涉图即全息图的透射率函数为

$$\tilde{t}_H(x,\ y)\ ==t_0+t_1\cos[k(\sin\theta_O+\sin\theta_R)\ x]$$

式中常数为 $t_0=\alpha+\beta\ (A_O^2+A_R^2)$，$t_1=2\beta A_OA_R$。

假设再现照明光波 $\widetilde{R}'$的波前函数为

$$\tilde{R}'(x,\ y)\ =A'\mathrm{e}^{-ik\sin\theta'\cdot x}$$

该光波通过这张全息图片的出射波前为

$$\tilde{U}_H(x,y)=\tilde{t}_H\cdot\tilde{R}'$$

$$=A'\mathrm{e}^{-ik\sin\theta'\cdot x}\left[t_0+\frac{t_1}{2}\mathrm{e}^{ik(\sin\theta_O+\sin\theta_R)x}+\frac{t_1}{2}\mathrm{e}^{ik(\sin\theta_O+\sin\theta_R)x}\right]$$

再现光波由三列光波组成

$$\tilde{U}_H(x,\ y)\ =\tilde{U}_0(x,\ y)\ +\tilde{U}_{+1}(x,\ y)\ +\tilde{U}_{-1}(x,\ y)$$

其中

$$\tilde{U}_0(x,\ y)\ =t_0A'\mathrm{e}^{-ik\sin\theta'\cdot x}$$

$$\tilde{U}_{+1}(x,\ y)\ =\frac{1}{2}t_1A'\mathrm{e}^{ik(\sin\theta_O+\sin\theta_R-\sin\theta')x}$$

$$\tilde{U}_{-1}(x,\ y)\ =\frac{1}{2}t_1A'\mathrm{e}^{-ik(\sin\theta_O+\sin\theta_R+\sin\theta')x}$$

据题意，当 $\theta'=\theta_R$，即照明光波全同于记录时的参考光波时，以上三项被简化为

$$\tilde{U}_0(x,\ y)\ =t_0A'\mathrm{e}^{-ik\sin\theta'\cdot x}$$

$$\tilde{U}_{+1}=\frac{1}{2}t_1A'\mathrm{e}^{ik\sin\theta_O\cdot x}$$

$$\tilde{U}_{-1}(x,\ y)\ =\frac{1}{2}t_1A'\mathrm{e}^{ik\sin\theta_{-1}\cdot x}$$

其中：$\sin\theta_{-1}=-(\sin\theta_O+2\sin\theta_R)$。此结果表明，其中 0 级衍射波 $\tilde{U}_0$ 是原再现入射平面波，即照明光波 $\tilde{R}'$的直接透射波；+1 级衍射波 $\tilde{U}_{+1}$ 正是记录的物光波，是倾角为 θ_O

的平面波；-1 级衍射波 $\tilde{U}_{-1}$ 是倾角为 θ_{-1} 的平面波，θ_{-1} 由 $\sin\theta_{-1} = -(\sin\theta_O + 2\sin R_R)$ 确定。

(5) 若照明光波 $\tilde{R}'$ 为一正入射的平面波，即 $\theta' = 0$，由上式讨论结果，此时出射波前的三种主要成分的具体表达方式为

$$\tilde{U}_H(x, y) = \tilde{U}_0 + \tilde{U}_{+1} + \tilde{U}_{-1}$$

$$\tilde{U}_0(x, y) = t_0 A'$$

$$\tilde{U}_{+1}(x, y) = \frac{1}{2} t_1 A' \mathrm{e}^{\mathrm{i}k(\sin\theta_O + \sin\theta_R) \cdot x} = \frac{1}{2} t_1 A' \mathrm{e}^{\mathrm{i}k\sin\theta_{+1} \cdot x}$$

$$\tilde{U}_{-1}(x, y) = \frac{1}{2} t_1 A' \mathrm{e}^{-\mathrm{i}k(\sin\theta_O + \sin\theta_R) \cdot x} = \frac{1}{2} t_1 A' \mathrm{e}^{\mathrm{i}k\sin\theta_{-1} \cdot x}$$

其中：$\sin\theta_{\pm 1} = \pm(\sin\theta_O + \sin\theta_R)$。

当 $\theta_O = \theta_R = 10°$ 时，有 $\sin\theta_{\pm 1} = \pm 2\sin 10° \approx \pm 0.3473$，$\theta_{\pm 1} \approx 20.3°$。这表明此时再现的 ±1 级平面波依然对称，互为共轭，但其方向已经不同于记录时的那两个方向，几乎偏离了一倍角度。当 $\theta_O = \theta_R = 30°$ 时，有 $\sin\theta_{\pm 1} = \pm 2\sin 30° = \pm 1$，$\theta_{\pm 1} = \pm 90°$。显然，当 $\theta_O = \theta_R > 30°$，或 $\sin\theta_O + \sin\theta_R > 1$ 时，$|\sin\theta_{\pm 1}| > 1$。这表明此时再现的 ±1 级衍射波均为隐失波，只留下一束 0 级衍射波为行波，传播至远场。

43. **解：**(1) 在傍轴条件下，物光波的波前函数为

$$\tilde{O}(x, y) \approx A_O \mathrm{e}^{\mathrm{i}k\left(z_0 + \frac{(x - x_0)^2 + y^2}{2z_0}\right)}$$

而参考光波的波前函数是正入射的平面波，简单写为

$$\tilde{R}(x, y) = A_R$$

设 $e^{ikz_0} = e^{i\varphi_0} = 1$。

(2) 物光波与参考光波相干叠加场为

$$\tilde{U}(x, y) = \tilde{R} + \tilde{O} = A_R + A_O e^{ik\frac{(x-x_0)^2+y^2}{2z_0}}$$

为了方便忽略了常相位项 e^{ikz_0}。求得干涉强度分析为

$$I_H(x, y) = (\tilde{R} + \tilde{O}) \cdot (\tilde{R}^* + \tilde{O}^*)$$

$$= A_R^2 + A_O^2 + 2A_R A_O \cos\left[\frac{(x-x_0)^2+y^2}{2z_0}\right]$$

从而看出其等强度点 (x, y) 轨迹满足以下方程

$$(x-x_0)^2 + y^2 = c \text{（常数）}$$

它是一个圆周方程，即这干涉条纹呈现一组同心的圆环，其中心坐标为 $(x_0, 0)$。

(3) 这张乳胶干版经曝光和线性冲洗后成为一张全息图，其复振幅透过函数 $\tilde{t}_H$ 表示为

$$\tilde{t}_H(x, y) = \alpha + \beta I_H(x, y) = t_0 + t_1 \cos\left[k\frac{(x-x_0)^2+y^2}{2z_0}\right]$$

其中：$t_0 = \alpha + \beta (A_R^2 + A_O^2)$，$t_1 = 2\beta A_R A_O$。

若照明光波 $\tilde{R}'$ 为一束正入射且波长相同的平行光，则其波前函数为

$$\tilde{R}'(x, y) = A'$$

通过全息图的出射波前函数为

$$\tilde{U}_H(x,y)=\tilde{t}_H\cdot\tilde{R}'$$
$$=t_0A'+\frac{1}{2}t_1A'\mathrm{e}^{\mathrm{i}k\frac{(x-x_0)^2+y^2}{2z_0}}+\frac{1}{2}t_1A'\mathrm{e}^{-\mathrm{i}k\frac{(x-x_0)^2+y^2}{2z_0}}$$
$$=\tilde{U}_0+\tilde{U}_{+1}+\tilde{U}_{-1}$$

可见，这张全息图衍射场包含三种主要成分：波前 $\tilde{U}_0$ 代表一束正出射的平面衍射波；波前 $\tilde{U}_{+1}$ 代表一束发散球面波，其中心位于左侧、坐标为（x_0，0，z_0）；波前 $\tilde{U}_{-1}$ 代表一束会聚球面波，其中心位于右侧、坐标为（x_0，0，z_0）。$\tilde{U}_{+1}$ 和 $\tilde{U}_{-1}$ 这一对球面波互为共轭，其一是物光波再现（虚像），另一是孪生的共轭波（实像）。

（4）若照明光波 $\tilde{R}'$ 为一束傍轴球面波，则其波前函数为

$$\tilde{R}'(x,\ y)\approx A'\mathrm{e}^{\mathrm{i}k\left(z'+\frac{(x-x_0)^2+y^2}{2z'}\right)}$$

于是，这张全息图的波前函数是（忽略常数相位因子 $\mathrm{e}^{\mathrm{i}kz'}$）

$$\tilde{U}_H(x,y)=\tilde{t}_H\cdot\tilde{R}$$
$$=A'\mathrm{e}^{\mathrm{i}k\left(\frac{(x-x_0)^2+y^2}{2z'}\right)}\left(t_0+\frac{1}{2}t_1\mathrm{e}^{\mathrm{i}k\frac{(x-x_0)^2+y^2}{2z_0}}+\frac{1}{2}t_1\mathrm{e}^{-\mathrm{i}k\frac{(x-x_0)^2+y^2}{2z_0}}\right)$$
$$=A't_0\mathrm{e}^{\mathrm{i}k\left(\frac{(x-x_0)^2+y^2}{2z'}\right)}+\frac{1}{2}A't_1\mathrm{e}^{\mathrm{i}k\left(\frac{(x-x_0)^2+y^2}{2z_0}+\frac{(x-x_0)^2+y^2}{2z'}\right)}+$$
$$\frac{1}{2}A't_1\mathrm{e}^{-\mathrm{i}k\left(\frac{(x-x_0)^2+y^2}{2z_0}+\frac{(x-x_0)^2+y^2}{2z'}\right)}$$

设 $\frac{1}{z_0}+\frac{1}{z'}=\frac{1}{z}$，则

$$\tilde{U}_H(x,y) = A't_0 e^{ik\left(\frac{(x-x_0)^2+y^2}{2z'}\right)} + \frac{1}{2}A't_1 e^{ik\frac{(x-x_0)^2+y^2}{2z}} + \frac{1}{2}A't_1 e^{-ik\frac{(x-x_0)^2+y^2}{2z}}$$

$$= \tilde{U}_0 + \tilde{U}_{+1} + \tilde{U}_{-1}$$

这张全息图的衍射场包含三种主要成分：波前 $\tilde{U}_0$ 代表一束发散球面波，其中心位于左侧、坐标为（x_0，0，z'）；波前 $\tilde{U}_{+1}$ 代表一束发散球面波，其中心位于左侧、坐标为（x_0，0，z）；波前 $\tilde{U}_{-1}$ 代表一束会聚球面波，其中心位于右侧、坐标为（x_0，0，z）。$\tilde{U}_{+1}$ 和 $\tilde{U}_{-1}$ 这对球面波互为共轭，其一是物光波再现（虚像），另一是孪生的共轭波（实像）。

第5章 透镜相位变换与傅里叶光学

基本理论与公式

5.1 透镜的相位变换函数

1. 屏函数

屏函数定义为透射光复振幅 $\tilde{U}_2(x, y)$ 与入射光复振幅 $\tilde{U}_1(x, y)$ 之比

$$\tilde{t}(x, y) = \frac{\tilde{U}_2(x, y)}{\tilde{U}_1(x, y)} = t(x, y)\ \mathrm{e}^{\mathrm{i}\varphi(x,y)} \tag{5.1}$$

衍射屏可分三种类型：振幅型、相位型和复合型衍射屏。

2. 透镜的屏函数

薄透镜的屏函数

$$\tilde{t}(x, y) = \mathrm{e}^{-\mathrm{i}k\frac{x^2+y^2}{2F}} \tag{5.2}$$

其中，F 为透镜焦距。这里忽略了透镜的有限大小。

5.2　透镜作用下的衍射与傅里叶变换性质

在透镜作用下的衍射过程为：平面波入射衍射屏函数为 $\tilde{U}_0$，经过菲涅耳衍射传输到透镜前表面的波函数为 $\tilde{U}_1$，经透镜作用其出射波函数为 $\tilde{U}_2$，再经菲涅耳衍射在透镜焦平面的衍射场为 $\tilde{U}_F$，如图 5.1 所示。《物理光学导论（第三版）》分两种情形论证了在透镜后焦平面的衍射场为夫琅禾费衍射。

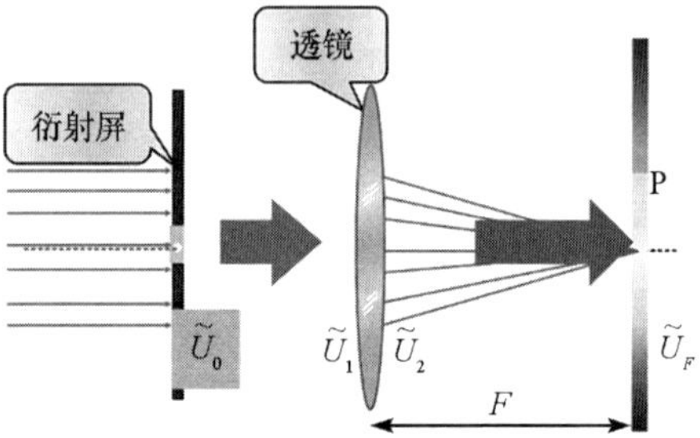

图 5.1　透镜作用下的衍射过程

1. 衍射屏紧贴透镜

衍射屏紧贴透镜表面的情形如图 5.2 所示，透镜后焦平面的衍射场为

$$\tilde{U}_F(u, v) = -\frac{\mathrm{i}e^{\mathrm{i}kF}}{\lambda F}e^{\mathrm{i}\frac{k}{2F}(u^2+v^2)}\iint_S \tilde{U}_0(x, y)e^{-\mathrm{i}\frac{k}{F}(ux+vy)}\mathrm{d}x\mathrm{d}y \tag{5.3}$$

这表明光通过透镜在焦平面上的衍射场为夫琅禾费衍射。

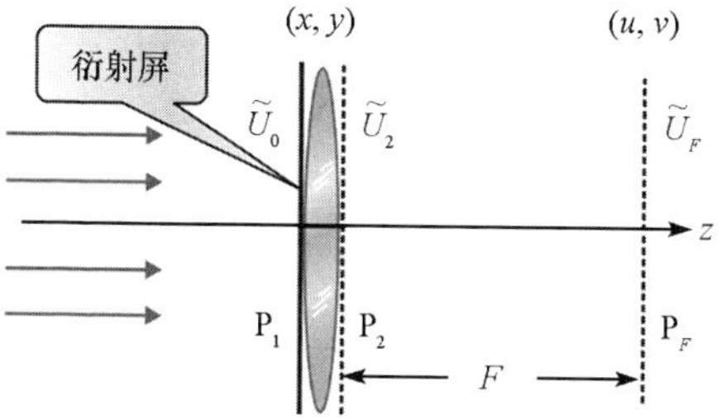

图 5.2　衍射屏紧贴透镜时衍射过程

如果透镜的有限通光区域为 S，引入光瞳函数

$$P(x,\ y)=\begin{cases}1 & \text{透镜孔径内}\\0 & \text{透镜孔径外}\end{cases}$$

式（5.3）可以表示为

$$\widetilde{U}_F(u,\ v)=-\frac{\mathrm{i}\mathrm{e}^{\mathrm{i}kF}}{\lambda F}\mathrm{e}^{\mathrm{i}\frac{k}{2F}(u^2+v^2)}\iint_{-\infty}^{\infty}\widetilde{U}_0(x,\ y)P(x,y)\mathrm{e}^{-\mathrm{i}\frac{k}{F}(ux+vy)}\mathrm{d}x\mathrm{d}y \tag{5.4}$$

定义空间频率

$$\begin{cases}f_x=\dfrac{u}{\lambda F}\\[2ex] f_y=\dfrac{v}{\lambda F}\end{cases} \tag{5.5}$$

式（5.4）可以表示为

$$\begin{aligned}&\tilde{U}_F(\lambda F f_x,\ \lambda F f_y)\\&=-\frac{\mathrm{i}\mathrm{e}^{\mathrm{i}kF}}{\lambda F}\mathrm{e}^{\mathrm{i}\pi\lambda F(f_x^2+f_y^2)}\iint_{-\infty}^{\infty}\tilde{U}_0(x,\ y)P(x,\ y)\mathrm{e}^{-\mathrm{i}2\pi(f_x x+f_y y)}\mathrm{d}x\mathrm{d}y\end{aligned} \tag{5.6}$$

式（5.6）表明，夫琅禾费衍射场与输入光波函数（或物光波函数）的傅里叶变换成正比。焦平面上的衍射场的光强分布为

$$I_F(u,\ v)=\frac{A^2}{(\lambda F)^2}\left|\iint_S\tilde{U}_0(x,\ y)\mathrm{e}^{-\mathrm{i}\frac{k}{F}(ux+vy)}\mathrm{d}x\mathrm{d}y\right|^2 \tag{5.7}$$

2. **衍射屏位于透镜之前**

衍射屏位于透镜前 d 位置处，如图 5.3 所示，衍射屏函数的物光波函数为 $\tilde{U}_0$，经过菲涅耳衍射和透镜相位变换计算，得到在透镜后焦平面的衍射场为

$$\tilde{U}_F(u,\ v)=-\frac{A\mathrm{i}\mathrm{e}^{\mathrm{i}k(d+F)}}{\lambda F}\mathrm{e}^{\mathrm{i}\frac{k}{2F}\left(1-\frac{d}{F}\right)(u^2+v^2)}\iint_S\tilde{U}_0(x,\ y)\mathrm{e}^{-\mathrm{i}\frac{k}{F}(ux+vy)}\mathrm{d}x\mathrm{d}y \tag{5.8}$$

如果将透镜的光瞳作用隐含在 $\tilde{U}_0$ 中，式（5.8）可以表示为

$$\tilde{U}_F(u,\ v)=-\frac{A\mathrm{i}\mathrm{e}^{\mathrm{i}k(d+F)}}{\lambda F}\mathrm{e}^{\mathrm{i}\frac{k}{2F}\left(1-\frac{d}{F}\right)(u^2+v^2)}\iint_{-\infty}^{\infty}\tilde{U}_0(x,\ y)\mathrm{e}^{-\mathrm{i}\frac{k}{F}(ux+vy)}\mathrm{d}x\mathrm{d}y \tag{5.9}$$

式（5.9）表明，在透镜的相位变换作用下，透镜焦平面上的衍射场为夫琅禾费衍射。

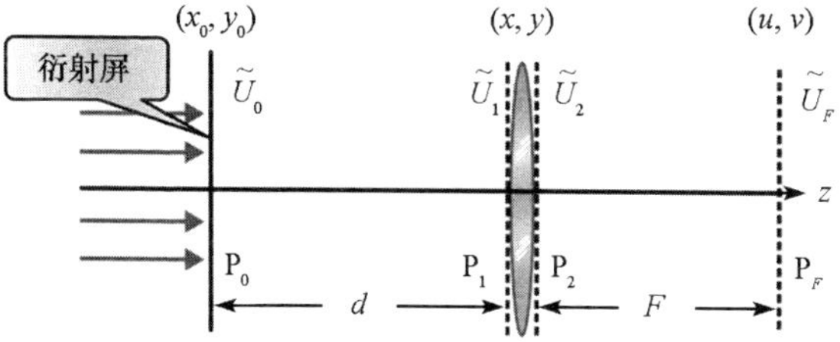

图 5.3　衍射屏距透镜距离为 d 时的衍射过程

3. 傅里叶光学的基本思想

光波空间频率定义式（5.6）和衍射积分式（5.9）表明，除与场点有关的二次指数相位因子外，焦平面的衍射场是衍射屏函数的傅里叶变换。从纯数学上看，式（5.9）右边积分是衍射屏函数的傅里叶变换；从物理上看，正是在透镜作用下，衍射屏在后焦平面的衍射为夫琅禾费衍射。这表明数学上的傅里叶变换，在物理上通过透镜得到了实现，即透镜是一个傅里叶变换器件。现代光学将“衍射屏函数”称为“光学图像”，因此透镜是光学图像的频谱分析器，夫琅禾费衍射场所在的后焦平面是傅里叶频谱面。

5.3　余弦光栅的夫琅禾费衍射与傅里叶变换

一维余弦光栅函数为

$$\tilde{t}(x,\ y)\ =t_0+t_1\cos(2\pi f_0 x) \tag{5.10}$$

式中，f_0 为透光强度在空间的变化频率。

应用欧拉公式，余弦光栅可化为三个不同空间频率成分的

平面波，分别为

$$\tilde{U}_0 = At_0 \quad \tilde{U}_+ = \frac{1}{2}At_1 e^{i2\pi f_0 x} = \frac{1}{2}At_1 e^{ik(f_0\lambda)x} \quad \tilde{U}_-$$

$$= \frac{1}{2}At_1 e^{-i2\pi f_0 x} = \frac{1}{2}At_1 e^{ik(-f_0\lambda)x}$$

$\tilde{U}_0$、$\tilde{U}_+$、$\tilde{U}_-$分别对应空间频率为 0、$+f_0$、$-f_0$ 的三列平面波。在透镜后焦平面形成三个夫琅禾费衍射光斑，这三个光斑的位置与 z 轴的夹角满足

$$\begin{cases} \sin\theta_0 = 0 \\ \sin\theta_+ = +f_0\lambda \\ \sin\theta_- = -f_0\lambda \end{cases} \tag{5.11}$$

以上分析表明，光学图像的空间频率与透镜焦平面的衍射光斑是一一对应的。

当考虑余弦光栅的宽度或透镜孔径的尺度 D 时，这三列衍射波在透镜后焦平面上的衍射斑的半角宽度分别为

$$\begin{cases} \Delta\theta_0 \approx \dfrac{\lambda}{D} \\ \Delta\theta_+ \approx \dfrac{\lambda}{D\cos\theta_+} \\ \Delta\theta_- \approx \dfrac{\lambda}{D\cos\theta_-} \end{cases} \tag{5.12}$$

5.4　阿贝成像原理与空间滤波

从波动光学的观点看，成像过程分为两步：第一步，屏函数通过透镜在透镜后焦平面形成夫琅禾费衍射，后焦平面上衍射场形成与物平面波集合一一对应的衍射斑；第二步，每一个衍射斑可看成次级点源，这些点源发出次级波，在像平面上相干叠加，形成的干涉图样就是物体所成的像。这种相干成像过程的两步分析方法，称为阿贝成像原理。阿贝－波特实验是典型的空间滤波过程，即在物的频谱面通过光阑作用实现空间滤波。

5.5　4F 系统与相干光信息处理简例

1. 4F 系统及波前变换

4F 系统由等焦距且共焦的两个透镜组成，如图 5.4 所示。位于透镜 L_1 的前焦平面上的物函数 $\tilde{U}_0(x, y)$ 的像函数为

$$\tilde{U}_1(u, v) = \mathscr{F}\{\mathscr{F}\{\tilde{U}_0(x, y)\}\} = \tilde{U}_0(-x, -y) \tag{5.13}$$

上式表明 4F 系统是一个其像重现物且倒置的系统，即 4F 系统是一个连续两次实现傅里叶变换的光学模拟系统。

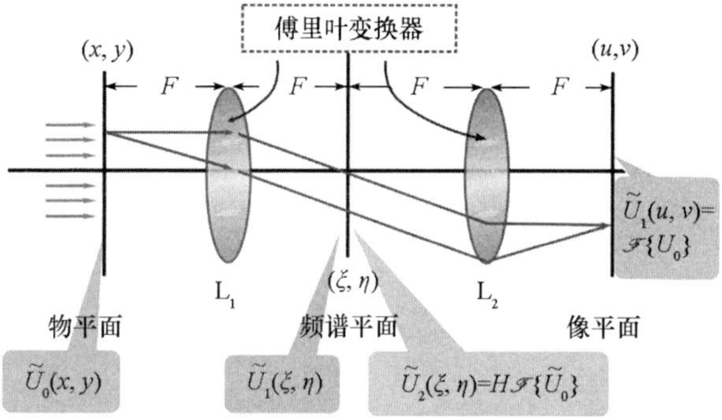

图 5.4　4F 系统原理图

2. 相干光学传递函数

光学传递函数（optical transfer function，OTF）定义为像场频谱与物场频谱之比

$$\tilde{\mathscr{H}}=\frac{\mathscr{F}\{\tilde{U}_1\}}{\mathscr{F}\{\tilde{U}_0\}} \tag{5.14}$$

在 4F 系统中，光学传递函数

$$\tilde{\mathscr{H}}=\frac{\mathscr{F}\{\tilde{U}_1\}}{\mathscr{F}\{\tilde{U}_0\}}=\frac{\mathscr{F}\{\mathscr{F}\{H(\xi,\eta)\,\mathscr{F}\{\tilde{U}_0(x,y)\}\}\}}{\mathscr{F}\{\tilde{U}_0\}}$$

$$=\frac{H\mathscr{F}\{\tilde{U}_0\}}{\mathscr{F}\{\tilde{U}_0\}}=H \tag{5.15}$$

式中，$H(\xi,\eta)$ 是频谱平面的滤波函数。4F 系统中的滤波函数 H 就是相干光学信息处理系统的光学传递函数。

5.6　透镜相干成像的衍射分析

1. 正透镜的点扩展函数

点物在单透镜系统中在像平面的点扩展函数为

$$h(u,v;x,y) \approx \frac{1}{\lambda^2 z_1 z_2}\iint_{-\infty}^{\infty} P(\xi,\eta)\,\mathrm{e}^{-\mathrm{i}k\left[\left(\frac{x}{z_1}+\frac{u}{z_2}\right)\xi+\left(\frac{y}{z_1}+\frac{v}{z_2}\right)\eta\right]}\mathrm{d}\xi\mathrm{d}\eta \tag{5.16}$$

2. 物像关系的衍射理论分析

由物像关系的衍射理论分析得到

$$\begin{aligned}\widetilde{U}_1(u,v) &= \iint_{-\infty}^{\infty}\frac{1}{|M|}\widetilde{U}_0\left(\frac{\tilde{x}}{M},\frac{\tilde{y}}{M}\right)\frac{1}{|M|}h(u-\tilde{x},v-\tilde{y})\,\mathrm{d}\tilde{x}\mathrm{d}\tilde{y}\\ &= \iint_{-\infty}^{\infty}\widetilde{U}_g(\tilde{x},\tilde{y})\tilde{h}(u-\tilde{x},v-\tilde{y})\,\mathrm{d}\tilde{x}\mathrm{d}\tilde{y}\end{aligned}$$

或

$$\widetilde{U}_1(u,v) = \tilde{h}(u,v)\otimes\widetilde{U}_g(u,v) \tag{5.17}$$

式中，$\widetilde{U}_g(\tilde{x},\tilde{y}) = \frac{1}{|M|}\widetilde{U}_0\left(\frac{\tilde{x}}{M},\frac{\tilde{y}}{M}\right)$，$M=-\frac{z_2}{z_1}$为成像系统的放大率。上式表明相干成像系统中像的波函数是点扩展函数与几何光学理想成像波函数的卷积，即衍射效应是使像的波函数为几何成像与透镜光瞳的夫琅禾费衍射场的卷积。

习题

1. 将衍射屏函数分别为 $\tilde{t}_1(x, y)$ 和 $\tilde{t}_2(x, y)$ 的两个衍射屏叠置在一起，可视为一个衍射屏，求其衍射屏函数。

2. 透镜看成衍射屏，它是相位型衍射屏。在傍轴近似条件下，通过光程差计算，证明从透镜出射光波的相位 $\varphi_2(x, y)$ 与入射光波的相位 $\varphi_1(x, y)$ 之间的相位差 $\Delta\varphi(x, y) = \varphi_2(x, y) - \varphi_1(x, y) = kn\Delta_0 - k\dfrac{x^2+y^2}{2F}$，其中，$F = \dfrac{1}{(n-1)\left(\dfrac{1}{r_1}-\dfrac{1}{r_2}\right)}$为透镜焦距。

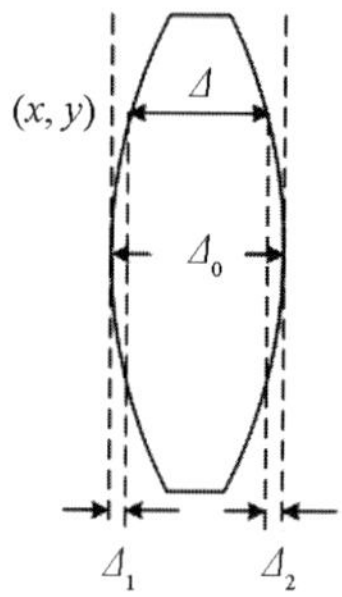

3. 由几何光学原理，平面波正入射透镜，在透镜后焦平面成一像点。应用这一物理图像，在傍轴近似条件下，推出透镜的屏函数。

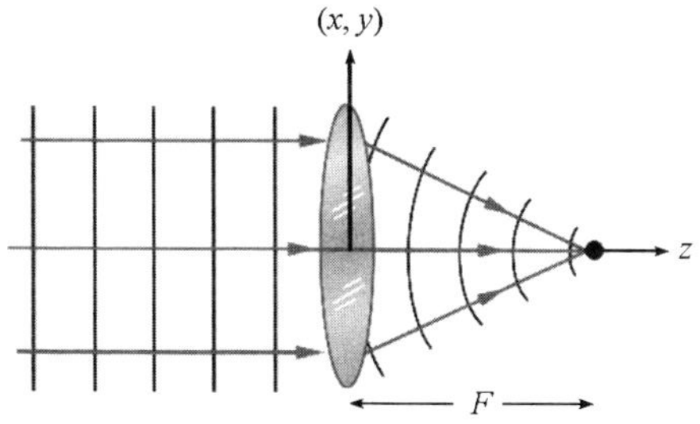

4. 在几何光学中，点物的像也是一个点。如下图所示，利用点光源球面波在傍轴近似条件下的表达式和物像公式，求透镜的屏函数。

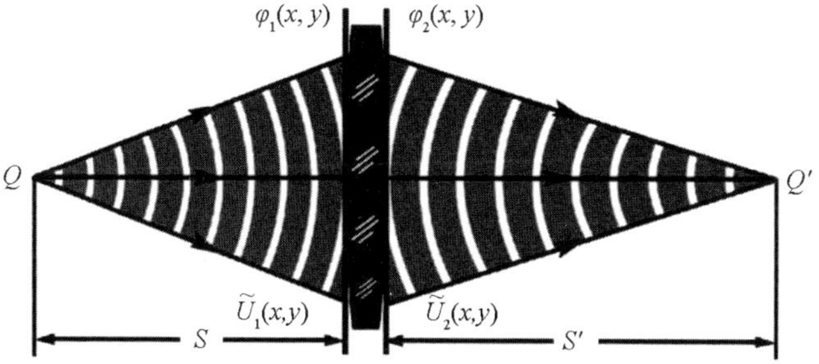

5. 如下图所示，余弦光栅 G 复振幅透射率函数为 $\tilde{t}(x, y) = t_0 + t_1\cos(2\pi f_1 x + \varphi_0)$。将其覆盖在一记录胶片 H 之上，用一束平行光照射，然后对曝光了的胶片进行线性洗印。求线性洗印后的这块新光栅 H 的复振幅透射率，并请指出其屏函数包含几个空间频率。

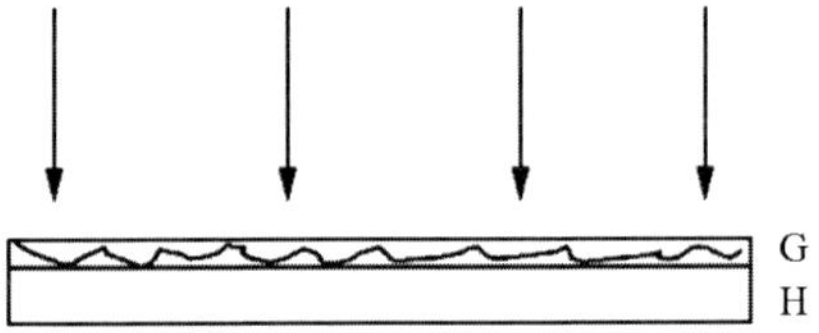

6. 聚焦光纤为折射率连续变化的梯度型光纤，折射率变化呈抛物型函数：$n(r) = n_0\left(1-\frac{1}{2}ar^2\right)$。其中，$r^2 = x^2 + y^2$。将该聚焦光纤切割成厚度为 d 的薄片，如下图所示。设其孔径为 a，假设光波在光纤薄片传输中不考虑光能的损失。

（1）给出聚焦光纤薄片的屏函数 $\tilde{t}(x, y)$。

（2）设平行光垂直薄片平面入射，给出通过薄片的出射场函数，并证明该薄片为一微透镜，且焦距公式为 $F=\frac{1}{an_0d}$。

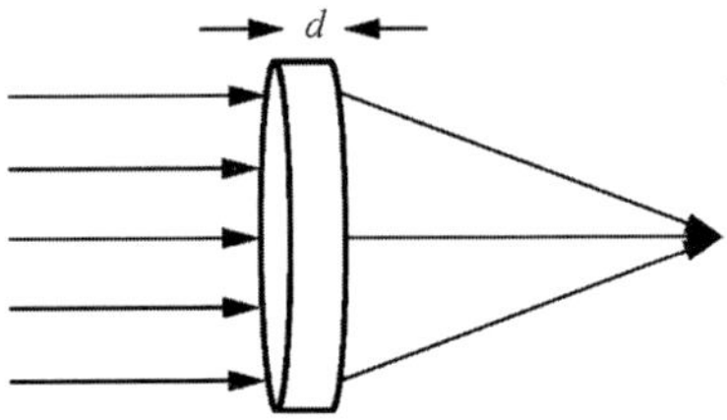

7. 请推导透明薄楔形棱镜的相位变换函数和透射率函数。设楔角为 α，棱镜材料的折射率为 n。如果平面波正入射棱镜，分析出射波的传播方向。

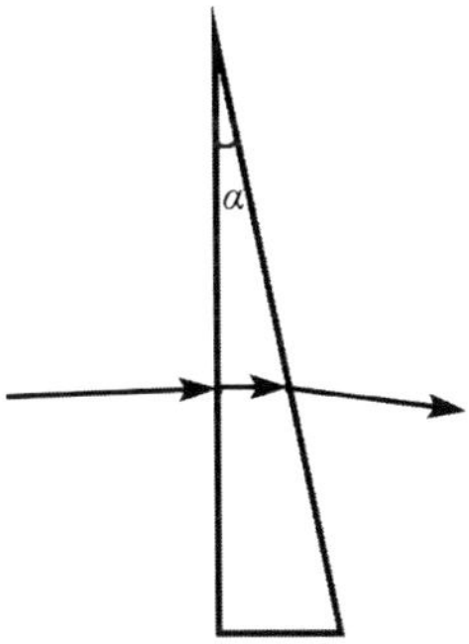

8. 设一波长为 λ 的平行光束以 θ_0 角斜入射于一余弦光栅 $\tilde{t}(x, y) = t_0 + t_1 \cos(2\pi f x)$（如下图所示），试给出透射场的复振幅表达式，分析透射场的主要特征，并证明其 ±1 级平面衍射波的方位角 $\theta_{\pm 1}$ 满足下式：

$$\begin{cases} \sin\theta_{+1} = \sin\theta_0 + f\lambda \\ \sin\theta_{-1} = \sin\theta_0 - f\lambda \end{cases}$$

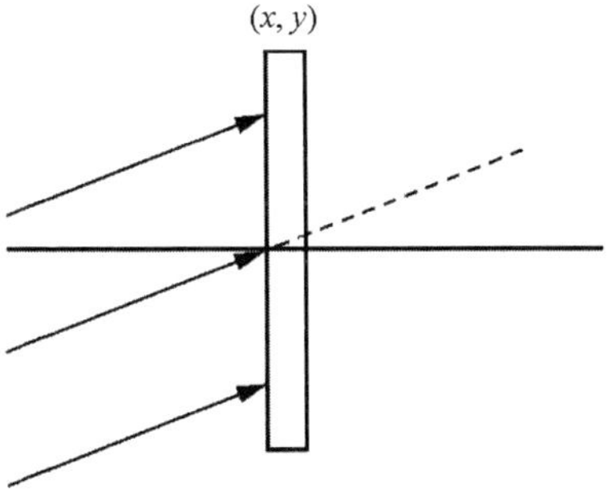

9. 衍射屏位于透镜前方 d 处，参见下图。傍轴近似条件下，求在透镜焦平面上的衍射场公式，并给出 $d = F$ 时的表达式。

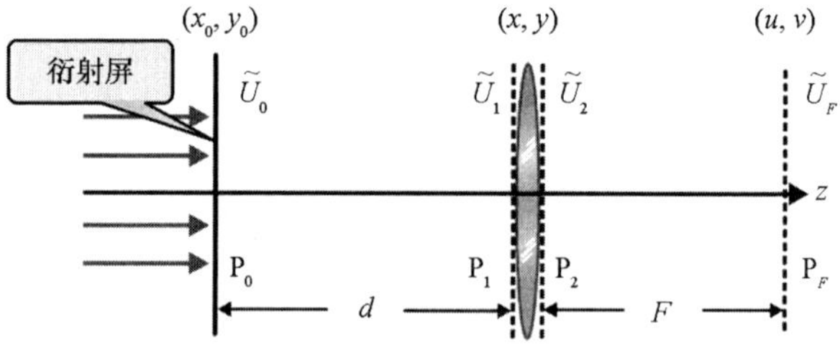

10. 从傅里叶光学观点看，像与物的一致度表现为像函数频谱与物函数频谱的覆盖度。设在物函数中含有从低频到高频的各种结构信息，它被直径为 $l=2$ cm 的圆孔所限制，将它放在直径 $L=4$ cm，焦距 $f=50$ cm 的透镜的前焦平面上，用 $\lambda=600$ nm 的单色平面波垂直照射该透镜，分析：

（1）物函数中什么频率范围内的频谱被透镜完全收集？

（2）物函数中什么频率范围内的信息被截止？

（3）物函数中什么频率范围内的频谱被透镜部分收集？

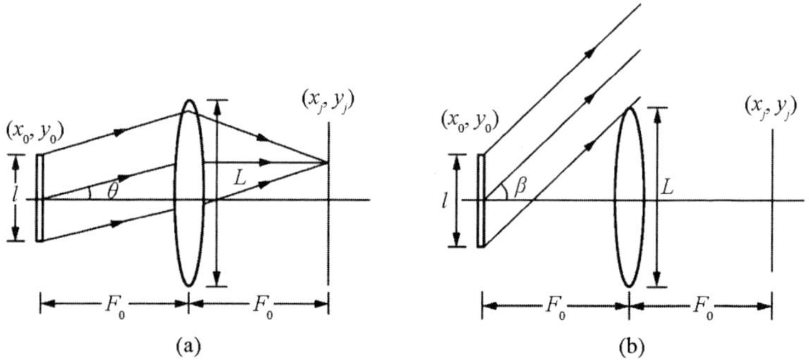

11. 在光学测量中常常需要一个准直的光强均匀分布的“标准

光源”。标准光源由两个聚焦不相等的透镜共焦组成，如下图所示。激光束正入射共焦透镜系统，在共焦面上放置什么滤波器，可以获得准直的、光强分布均匀的光束？

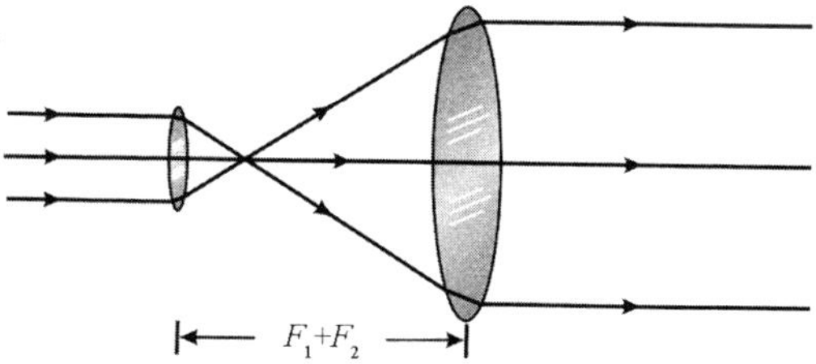

12. 在相干光学信息处理 4F 系统中，试做以下空间滤波实验，设输入图片的透射率函数为 $\tilde{t}_{ob}(x) = t_0 + t_1\cos(2\pi fx)$，且 $t_0 = 0.6$，$t_1 = 0.3$。傅里叶透镜的焦距 $F = 200$ mm，照明光波长为 633 nm。

(1) 若变换平面上不设置任何滤波器，试给出输出像面 (x', y') 上的像场函数 $\tilde{U}_1(x', y')$ 及其光强分布 $I(x', y')$。

(2) 若用一张黑纸作为空间滤波器遮挡住 0 级谱斑，试给出像场函数 $\tilde{U}_1(x', y')$ 及其光强分布 $I(x', y')$，并给出相应的空间频率数值。

(3) 若用一张黑纸遮挡住上半部非 0 级谱斑，试给出像场函数 $\tilde{U}_1(x', y')$ 及其光强分布 $I(x', y')$ 和相应的空间频率数值。

13. 一个正弦振幅光栅振幅透射率为 $t(x_0,\ y_0)=\frac{1}{2}+\frac{1}{2}\cos(2\pi\tilde{f}x_0)$，放在一个直径为 l 的圆形会聚透镜（焦距为 F）之前，并且用平面单色波倾斜照射，平面波的传播方向在 x_0z 平面内，与 z 轴夹角为 θ，如下图所示，求通过透镜的光振幅分布的频谱。

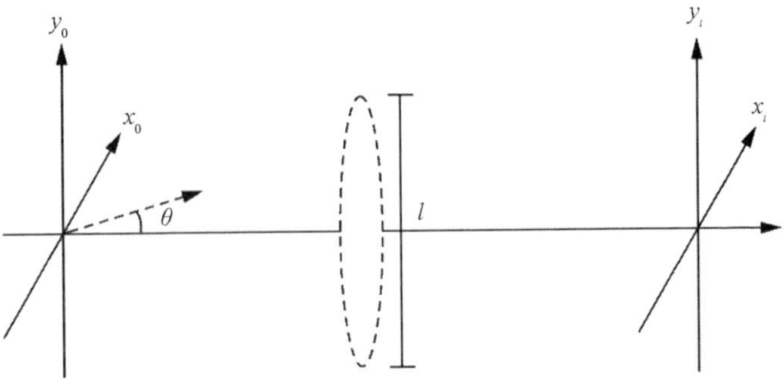

14. 设衍射受限系统的出射光瞳是半径为 w 的圆形，光瞳与观察平面的距离为 z_i，求其光学传递函数。

15. 设一个物的强度分布是空间频率 f_0 的余弦函数，表示成 $I_0(x)\ =\alpha+\beta\cos(2\pi f_0x)$，将此信号输入到非相干空不变系统，并假定系统的放大率为 1，求该系统输出像的强度分布和调制传递函数。

16. 物体的复振幅透射率为 $t_1(x)\ =\left|\cos\left(2\pi\ \frac{x}{b}\right)\right|$，将此物通过一横向放大率为 1 的光学系统成像，系统的出瞳是半径

为 a 的圆形孔径，试问对于该物体成像采用相干照明好还是非相干照明好？设 d_i 为出瞳到像面的距离，λ 为光波波长，孔径 a 满足关系：$\frac{\lambda d_i}{b} < a < \frac{2\lambda d_i}{b}$。

解答

1. **解**：设入射 $\tilde{t}_1$ 的光场为 $\tilde{U}_1$，出射场为 $\tilde{U}_1'$。入射 $\tilde{t}_2$ 的光场为 $\tilde{U}_2$，出射场为 $\tilde{U}_2'$。当两个屏叠置在一起时，即 $\tilde{U}_1' = \tilde{U}_2$。根据屏函数的定义，叠加屏的屏函数为

$$\tilde{t}(x, y) = \frac{\tilde{U}_2'}{\tilde{U}_1} = \frac{\tilde{U}_1'}{\tilde{U}_1} \cdot \frac{\tilde{U}_2'}{\tilde{U}_2} = \tilde{t}_1(x, y) \cdot \tilde{t}_2(x, y)$$

即两个叠在一起的衍射屏函数相当于两个屏函数的乘积。

2. **证明**：
$$\begin{aligned}\varphi(x, y) &= \varphi_1(x, y) - \varphi_2(x, y) \\ &= k\left[\boldsymbol{\Delta}_1 + n\boldsymbol{\Delta}(x, y) + \boldsymbol{\Delta}_2\right] \\ &= k\boldsymbol{\Delta}_1 + kn\boldsymbol{\Delta}(x, y) + k\boldsymbol{\Delta}_2 = k(\boldsymbol{\Delta}_1 + \boldsymbol{\Delta}_2) + \\ &\quad kn(\boldsymbol{\Delta}_0 - \boldsymbol{\Delta}_1 - \boldsymbol{\Delta}_2) \\ &= kn\boldsymbol{\Delta}_0 - (n-1)k(\boldsymbol{\Delta}_1 + \boldsymbol{\Delta}_2)\end{aligned}$$

傍轴近似条件下，

$$\boldsymbol{\Delta}_1(x,\ y)\ =r_1-\sqrt{r_1^2-\ (x^2+y^2)}\approx\frac{x^2+y^2}{2r_1}$$

$$\boldsymbol{\Delta}_2(x,\ y)\ =-r_2-\sqrt{r_2^2-\ (x^2+y^2)}\approx-\frac{x^2+y^2}{2r_2}$$

则有

$$\begin{aligned}\varphi(x,\ y)\ &=kn\boldsymbol{\Delta}_0-\ (n-1)\ k\frac{(r_2-r_1)\ (x^2+y^2)}{2r_1r_2}\\&=kn\boldsymbol{\Delta}_0-\frac{1}{2}k\ (n-1)\ \left(\frac{1}{r_1}-\frac{1}{r_2}\right)\ (x^2+y^2)\end{aligned}$$

因此，$F=\dfrac{1}{(n-1)\ \left(\dfrac{1}{r_1}-\dfrac{1}{r_2}\right)}$得证。

3. **解：** 入射平面波波函数为

$$\tilde{U}_0(x,\ y)\ =A$$

由几何光学成像原理可知，出射波为汇聚到透镜后焦平面轴上的像点，即透镜的出射光波为在焦平面（0，0，F）处的球面波。在傍轴近似条件下，该球面波的波函数为

$$\tilde{U}=\frac{A}{F}\mathrm{e}^{-\mathrm{i}k\left(F+\frac{x^2+y^2}{2F}\right)}$$

由屏函数定义，求得透镜的屏函数为

$$\tilde{t}(x,\ y)\ =\frac{\tilde{U}}{\tilde{U}_0}=\frac{\frac{A}{F}\mathrm{e}^{-\mathrm{i}k\left(F+\frac{x^2+y^2}{2F}\right)}}{A}=A_0\mathrm{e}^{-\mathrm{i}k\frac{x^2+y^2}{2F}}$$

其中，$A_0=\dfrac{\mathrm{e}^{-\mathrm{i}kF}}{F}$。

4. **解：** 傍轴近似条件下，点光源在透镜前表面的球面波为

$$\tilde{U}_0 = \frac{A}{r}e^{ikr} \approx \frac{A}{S}e^{ik\left(S+\frac{x^2+y^2}{2S}\right)}$$

通过透镜后，由几何光学原理，成像为在 S' 处的像点，因此出射波为汇聚球面波。在傍轴近似条件下，透镜出射球面波为

$$\tilde{U}_1 = \frac{A}{r'}e^{ikr'} \approx \frac{A}{S'}e^{-ik\left(S'+\frac{x^2+y^2}{2S'}\right)}$$

由屏函数定义，得到透镜的屏函数为

$$\tilde{t}(x,\ y) = \frac{\tilde{U}_1}{\tilde{U}_0} = \frac{\frac{A}{S'}e^{-ik\left(S'+\frac{x^2+y^2}{2S'}\right)}}{\frac{A}{S}e^{ik\left(S+\frac{x^2+y^2}{2S}\right)}} = A_0 e^{-ik\left[\frac{x^2+y^2}{2}\left(\frac{1}{S}+\frac{1}{S'}\right)\right]}$$

$$= A_0 e^{-ik\frac{x^2+y^2}{2F}}$$

式中，$A_0 = \frac{S}{S'}e^{-ik(S'+S)}$，并利用了几何成像公式 $\frac{1}{S}+\frac{1}{S'}=\frac{1}{F}$。

5. **解：** 用平行光照射光栅 G 后，设入射光振幅为 A，则出射光场为

$$\tilde{U}(x,\ y) = A\left[t_0 + t_1\cos(2\pi f_1 x + \varphi_0)\right]$$

H 上记录了光场 $\tilde{U}$ 的强度，线性冲洗后记录胶片上的屏函数为

$$\tilde{t}_H(x,y) \propto I_H(x,y) = \{A[t_0 + t_1\cos(2\pi f_1 x + \varphi_0)]\}^2$$

$$= A^2[t_0^2 + 2t_0t_1\cos(2\pi f_1 x + \varphi_0) + t_1^2\cos^2(2\pi f_1 x + \varphi_0)]$$

$$= A^2\left[\left(t_0^2 + \frac{t_1^2}{2}\right) + 2t_0t_1\cos(2\pi f_1 x + \varphi_0) + \frac{t_1^2}{2}\cos(4\pi f_1 x + 2\varphi_0)\right]$$

可见，这是复合余弦光栅，其屏函数有两个空间频率，

分别为 f_1 和 $2f_1$。

6. **解：**（1）光波通过光纤薄片后的光程差为

$$\Delta L(x, y) = L_2(x, y, d) - L_1(x, y, 0)$$
$$= nd = n_0 d\left(1 - \frac{1}{2}ar^2\right)$$

光纤薄片可以看作相位型衍射屏，由光波通过光纤薄片后的光程差，其屏函数为

$$\tilde{t}(x, y) = A\mathrm{e}^{\mathrm{i}\Delta\varphi(x,y)} = A\mathrm{e}^{\mathrm{i}k\Delta L(x,y)} = A\mathrm{e}^{\mathrm{i}kn_0 d\left(1-\frac{1}{2}ar^2\right)} = A_0\mathrm{e}^{-\mathrm{i}k\frac{x^2+y^2}{2F}}$$

式中，$A_0 = A\mathrm{e}^{\mathrm{i}kn_0 d}$，$F = \dfrac{1}{an_0 d}$。

（2）将以上求得的光纤薄片的屏函数与透镜屏函数比较可知，渐变折射率分布满足 $n(r) = n_0\left(1 - \dfrac{1}{2}ar^2\right)$ 的光纤薄片实际上是一个微透镜，透镜焦距为

$$F = \frac{1}{an_0 d}$$

7. **解：**作平行于棱镜前表面的平行线，如右图所示，设棱镜底边长度为 $\boldsymbol{\Delta}_0$，入射光波通过棱镜后，光波在虚线上的波前与棱镜前表面波前的光程差为

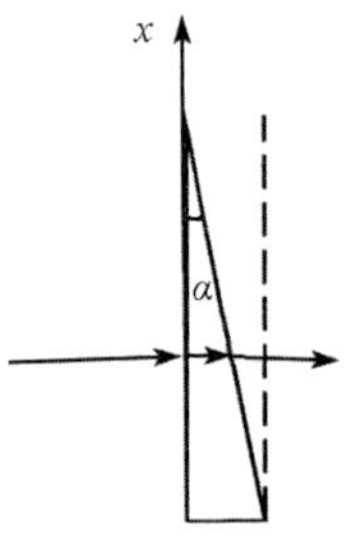

$$\Delta L = \alpha x + n(\boldsymbol{\Delta}_0 - \alpha x)$$
$$= n\boldsymbol{\Delta}_0 - \alpha(n-1)x$$

则相位差为

$$\varphi(x,\ y)\ = k\Delta L = kn\Delta_0 - k\alpha(n-1)\ x$$

透射率函数

$$\tilde{t}\ (x,\ y)\ = A\mathrm{e}^{\mathrm{i}\varphi(x,y)} = A\mathrm{e}^{\mathrm{i}k[n\Delta_0 - \alpha(n-1)x]} = A_0\mathrm{e}^{-\mathrm{i}k\alpha(n-1)x}$$

式中 $A_0 = A\mathrm{e}^{\mathrm{i}kn\Delta_0}$。由透射率函数可知，正入射的平面波通过该棱镜后，出射波

$$\tilde{U}(x,\ y)\ = \tilde{U}_0\tilde{t} = AA_0\mathrm{e}^{\mathrm{i}kz}\mathrm{e}^{-\mathrm{i}k\alpha(n-1)x}$$

为一束与水平 z 轴夹角 θ 满足 $\sin\theta = -\alpha\ (n-1)$ 的平面波。

8. **解**：平行光斜入射时，其波前函数为

$$\tilde{U}_1 = A_1\mathrm{e}^{\mathrm{i}kx\sin\theta_0}$$

经余弦光栅后的透射波前为

$$\begin{aligned}\tilde{U}\ &= \tilde{t}\tilde{U}_1 = A_1\mathrm{e}^{\mathrm{i}kx\sin\theta_0}\ [t_0 + t_1\cos\ (2\pi fx)]\\ &= A_1\mathrm{e}^{\mathrm{i}kx\sin\theta_0}\left[t_0 + \frac{t_1}{2}\ (\mathrm{e}^{\mathrm{i}2\pi fx} + \mathrm{e}^{-\mathrm{i}2\pi fx})\right]\\ &= A_1t_0\mathrm{e}^{\mathrm{i}kx\sin\theta_0} + A_1\frac{t_1}{2}\mathrm{e}^{\mathrm{i}kx\sin\theta_0}\mathrm{e}^{\mathrm{i}2\pi fx} + A_1\frac{t_1}{2}\mathrm{e}^{\mathrm{i}kx\sin\theta_0}\mathrm{e}^{-\mathrm{i}2\pi fx}\\ &= A_1t_0\mathrm{e}^{\mathrm{i}kx\sin\theta_0} + A_1\frac{t_1}{2}\mathrm{e}^{\mathrm{i}k(\sin\theta_0 + \lambda f)x} + A_1\frac{t_1}{2}\mathrm{e}^{\mathrm{i}k(\sin\theta_0 - \lambda f)x}\end{aligned}$$

可以将透射场写作 $\tilde{U} = \tilde{U}_0 + \tilde{U}_{+1} + \tilde{U}_{-1}$，其中，

$$\tilde{U}_0 = A_1t_0\mathrm{e}^{\mathrm{i}kx\sin\theta_0}$$

$$\tilde{U}_{+1} = A_1\frac{t_1}{2}\mathrm{e}^{\mathrm{i}k(\sin\theta_0 + \lambda f)x}$$

$$\tilde{U}_{-1} = A_1\frac{t_1}{2}\mathrm{e}^{\mathrm{i}k(\sin\theta_0 - \lambda f)x}$$

不难发现，以上三项各代表一列平面波。其中，$\tilde{U}_0$ 代表一列倾角为 θ_0 的平面衍射波，$\tilde{U}_{+1}$ 和 $\tilde{U}_{-1}$ 分别为 ±1 级平面衍射波，其倾角 $\theta_{\pm 1}$ 分别满足

$$\sin\theta_{+1} = \sin\theta_0 + \lambda f$$

$$\sin\theta_{-1} = \sin\theta_0 - \lambda f$$

9. **解：** 垂直入射的平面波照射衍射屏，由菲涅耳衍射，光波从衍射屏传播到透镜前的波函数为

$$\tilde{U}_1(x, y) = \tilde{U}_0(x, y) \otimes h(x, y)$$

$$h(x, y) = -\frac{\mathrm{i}\mathrm{e}^{\mathrm{i}kz}}{\lambda z}\mathrm{e}^{\mathrm{i}\frac{k}{2z}(x^2+y^2)}$$

其中，$\tilde{U}_0 = A\tilde{t}(x_0, y_0)$。光波 $\tilde{U}_1(x, y)$ 通过透镜后的波函数为

$$\tilde{U}_2(x, y) = \tilde{U}_1(x, y)\, P(x, y)\, \mathrm{e}^{-\mathrm{i}k\frac{x^2+y^2}{2F}}$$

$$= \tilde{U}_0(x, y) \otimes h(x, y)\, \left[P(x, y)\, \mathrm{e}^{-\mathrm{i}k\frac{x^2+y^2}{2F}}\right]$$

利用菲涅耳衍射公式，将上式代入得到透镜后焦平面的衍射场

$$\tilde{U}_f(u,v)$$

$$= -\frac{\mathrm{i}\mathrm{e}^{\mathrm{i}kF}}{\lambda F}\mathrm{e}^{\mathrm{i}\frac{k}{2F}(u^2+v^2)} \iint_S \left\{ \tilde{U}_0(x,y) \otimes h(x,y)\left[P(x,y)\mathrm{e}^{-\mathrm{i}k\frac{x^2+y^2}{2F}}\right]\right\}$$

$$\mathrm{e}^{\mathrm{i}k\frac{x^2+y^2}{2F}}\mathrm{e}^{-\mathrm{i}\frac{k}{F}(ux+vy)}\mathrm{d}x\mathrm{d}y$$

$$= -\frac{\mathrm{i}\mathrm{e}^{\mathrm{i}kF}}{\lambda F}\mathrm{e}^{\mathrm{i}\frac{k}{2F}(u^2+v^2)} \iint_{-\infty}^{\infty} \tilde{U}_0(x,y) \otimes h(x,y)\mathrm{e}^{-\mathrm{i}\frac{k}{F}(ux+vy)}\mathrm{d}x\mathrm{d}y$$

根据傅里叶变换性质，有

$$\mathscr{F}\{\tilde{U}_0(x, y)\otimes h(x, y)\} = \mathscr{F}\{\tilde{U}_0(x, y)\}\ \mathscr{F}\{h(x, y)\}$$
$$= F_0(f_x, f_y)\ \mathrm{e}^{\mathrm{i}kd}\mathrm{e}^{-\mathrm{i}\pi\lambda d(f_x^2+f_y^2)}$$

代入前一公式，有

$$\tilde{U}_f(u,v) = -\frac{\mathrm{ie}^{\mathrm{i}k(d+F)}}{\lambda F}\mathrm{e}^{\mathrm{i}\frac{k}{2F}(1-\frac{d}{F})(u^2+v^2)}F_0(f_x, f_y)$$
$$= -\frac{A\mathrm{ie}^{\mathrm{i}k(d+F)}}{\lambda F}\mathrm{e}^{\mathrm{i}\frac{k}{2F}(1-\frac{d}{F})(u^2+v^2)}\cdot\iint_{-\infty}^{\infty}\tilde{U}_0(x,y)\mathrm{e}^{-\mathrm{i}\frac{k}{F}(ux+vy)}\mathrm{d}x\mathrm{d}y$$

上式中，空间频率为 $f_x=\dfrac{u}{\lambda F}$，$f_y=\dfrac{v}{\lambda F}$。当 $d=F$ 时，得到衍射屏函数与衍射场是完全的傅里叶变换关系。

$$\tilde{U}_f(u,v) = -\frac{A\mathrm{ie}^{\mathrm{i}k2F}}{\lambda F}\iint_{-\infty}^{\infty}\tilde{U}_0(x,y)\mathrm{e}^{-\mathrm{i}\frac{k}{F}(ux+vy)}\mathrm{d}x\mathrm{d}y$$

10. **解**：(1) 如图 (a) 所示，分析在物体边界处，当物光波的角度 θ 小于方位角，即

$$\theta\leqslant\arctan\frac{\frac{L}{2}-\frac{l}{2}}{F_0}\approx\frac{L-l}{2F_0}\quad(L\ll f_0,\ l\ll f_0)$$

时，物频谱被透镜收集到。根据物的空间频率与方位角的关系，当物光波的空间频率满足

$$f_{\min}=\sqrt{f_x^2+f_y^2}\leqslant\frac{\sin\theta}{\lambda}\approx\frac{L-l}{2\lambda F_0}$$

时，物函数的频谱被透镜完全收集。

将数据代入得

$$f_{\min}\approx 33.3\ \mathrm{mm}^{-1}$$

（2）由图（b）可知，当物函数的传播方向倾角超过 β，且

$$\beta \geqslant \arctan \frac{\frac{L}{2}+\frac{l}{2}}{F_0} \approx \frac{L+l}{2F_0}$$

对应的物函数的空间频率满足

$$f_{\max} = \sqrt{f_x^2 + f_y^2} \leqslant \frac{\sin\beta}{\lambda} \approx \frac{L+l}{2\lambda F_0}$$

时，物光波的频率被透镜截止。其频率数值为

$$f_{\max} \approx \frac{L+l}{2\lambda F_0} \approx 100\ \text{mm}^{-1}$$

（3）综合以上结果可知，若物光波频率为

$$f_{\min} \approx \frac{L-l}{2\lambda F_0} \leqslant f \leqslant f_{\max} \approx \frac{L+l}{2\lambda F_0}$$

由于透镜的有限大小，在焦平面上得不到物光波的完全傅里叶谱，即像不能完全再现物。

11. **答：** 根据衍射原理，入射光通过透镜在透镜后焦平面的衍射强度分布，是入射光波的频谱分布。若在共焦平面上放置一个小孔光阑，且小孔光阑中心与光轴重合，即只让零频成分通过，则在第二个透镜的出射光波为近似的准直的光强均匀分布的“标准光源”。

12. **解：**（1）若无任何滤波器，则 4F 系统输出之像场函数将再现物场函数，只是坐标变量反号（这一点有时可以不予考虑），即 $\tilde{U}_1(x', y') = \tilde{U}_0(-x, -y) = A_1[t_0 + t_1\cos(2\pi f x')]$。

相应的光强分布为

$$I(x', y') = |\tilde{U}_1|^2 = I_1[t_0 + t_1\cos(2\pi fx')]^2$$
$$= I_1 [t_0^2 + 2t_0t_1\cos(2\pi fx') + t_1^2\cos^2(2\pi fx')]$$
$$I_1 = A_1^2$$

由此可见，光强分布含有 f 和 $2f$ 两种频率成分。

(2) 由物函数 $\tilde{t}_{ob}(x) = t_0 + t_1\cos(2\pi fx)$ 的 0 频成分为 t_0，在 4F 系统中共焦平面聚焦在中心的光斑。当用一张黑纸作为空间滤波器而遮挡住 0 级谱斑时，该部分被滤除。因此在像平面的像只有高阶频率成分，即

$$\tilde{U}_1(x', y') = A_1t_1\cos(2\pi fx')$$

$$I(x', y') = I_1t_1^2\cos^2(2\pi fx') = I_1t_1^2 \cdot \frac{1}{2}[1 + \cos(4\pi fx')]$$

这表明此光强分布为余弦光栅，但其频率加倍为 $2f$。

(3) 本题的物场函数为余弦光栅，其频谱面上呈现有三个谱斑，分别对应物波前的三种平面波成分：

$$\tilde{U}_0(x, y) = A_1\left(t_0 + \frac{1}{2}t_1e^{i2\pi fx} + \frac{1}{2}t_1e^{-i2\pi fx}\right) = \tilde{U}_0 + \tilde{U}_{+1} + \tilde{U}_{-1}$$

据题意，滤波器挡掉了上方的谱斑，这意味着滤除了 $\tilde{U}_{+1}$ 波，故这时 4F 系统输出的像场函数为

$$\tilde{U}_1(x', y') = \tilde{U}_0 + \tilde{U}_{-1} = A_1\left(t_0 + \frac{1}{2}t_1e^{-i2\pi fx}\right)$$

其相应的光强分布为

$$I(x', y') = |\tilde{U}_1|^2 = A_1^2\left[t_0^2 + \frac{1}{4}t_1^2 + t_0t_1\cos(2\pi fx')\right]$$

此光强分布呈标准的余弦光栅形式，且其频率与物面上输入的余弦光栅的频率f相同。本题提供了一种翻印余弦光栅的实验手段。

据题意，令$t_0=0.6$，$t_1=0.3$，得

$$t_0^2=0.36$$

$$\frac{1}{4}t_1^2\approx 0.02$$

$$t_0 t_1\approx 0.18$$

故光强分布为

$$I(x',y')\approx 0.38\left[1+0.47\cos(2\pi f x')\right]I_1$$

13. **解：** 倾斜单色平面波入射，在物平面上产生的入射光场为$A\mathrm{e}^{\mathrm{i}kx_0\sin\theta}$，则物平面的透射光场为

$$U_0(x_0,y_0)=A\mathrm{e}^{\mathrm{i}kx_0\sin\theta}\cdot t(x_0,y_0)$$
$$=A\mathrm{e}^{\mathrm{i}kx_0\sin\theta}\cdot\frac{1}{2}\left[1+\cos(2\pi\tilde{f}x_0)\right]$$
$$=\frac{A}{2}\left[\mathrm{e}^{\mathrm{i}2\pi x_0\frac{\sin\theta}{\lambda}}+\frac{1}{2}\mathrm{e}^{\mathrm{i}2\pi x_0\left(\frac{\sin\theta}{\lambda}+\tilde{f}\right)}+\frac{1}{2}\mathrm{e}^{-\mathrm{i}2\pi x_0\left(\tilde{f}-\frac{\sin\theta}{\lambda}\right)}\right]$$

它的频谱为

$$A_0(f_x,f_y)=\mathscr{F}\{U_0(x_0,y_0)\}$$
$$=\frac{A}{2}\left\{\delta\left(f_x-\frac{\sin\theta}{\lambda},f_y\right)+\frac{1}{2}\delta\left[f_x-\left(\tilde{f}+\frac{\sin\theta}{\lambda}\right),f_y\right]+\frac{1}{2}\delta\left[f_x-\left(-\tilde{f}+\frac{\sin\theta}{\lambda}\right),f_y\right]\right\}$$

14. **解:** 出射光瞳函数为

$$P(u,\ v)\ =\mathrm{circ}\frac{\sqrt{u^2+v^2}}{w}$$

由于 OTF 相对坐标原点是圆对称的，故只需计算 f_x 方向 OTF。如图，重叠面积是扇形 $A+B$ 中阴影部分 B 的面积的 4 倍。

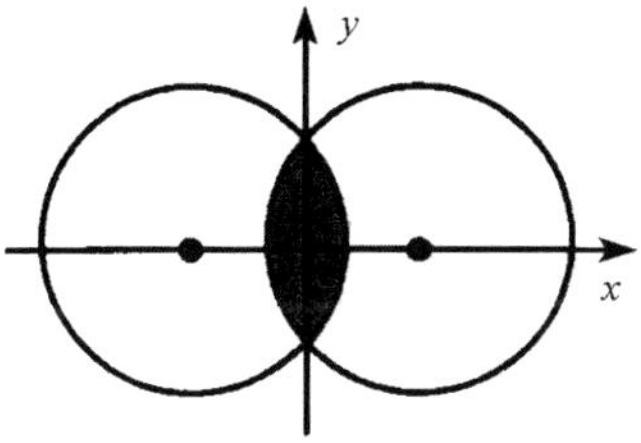

(a)

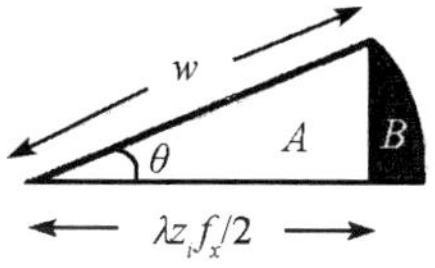

(b)

扇形 $A+B$ 面积为

$$S_{A+B}=\frac{\theta}{2\pi}\pi w^2=\frac{\arccos\dfrac{\lambda z_i f_x}{2w}}{2\pi}\pi w^2$$

三角形面积为

$$S_A=\frac{1}{2}\frac{\lambda z_i f_x}{2}\sqrt{w^2-\left(\frac{\lambda z_i f_x}{2}\right)^2}$$

于是有

$$\begin{aligned}&\widetilde{H}(f_x,\ 0)\\=&\frac{4\ (S_{A+B}-S_A)}{\pi w^2}\end{aligned}$$

$$=\begin{cases}2w^2\left[\arccos\dfrac{\lambda z_i f_x}{2w}-\dfrac{\lambda z_i f_x}{2w}\sqrt{1-\left(\dfrac{\lambda z_i f_x}{2w}\right)^2}\right], & f_x\leqslant\dfrac{2w}{\lambda z_i}\\0, & \text{其他}\end{cases}$$

对频谱面上的径向距离f_ρ，即用极坐标系的空间频率f_ρ表示，有

$$\tilde{H}\ (f_\rho)$$

$$=\frac{4\ (S_{A+B}-S_A)}{\pi w^2}$$

$$=\begin{cases}2w^2\left[\arccos\dfrac{\lambda z_i f_\rho}{2w}-\dfrac{\lambda z_i f_\rho}{2w}\sqrt{1-\left(\dfrac{\lambda z_i f_\rho}{2w}\right)^2}\right], & f_\rho\leqslant\dfrac{2w}{\lambda z_i}\\0, & \text{其他}\end{cases}$$

15. **解**：设该非相干空不变系统的脉冲响应为$\tilde{h}_\mathrm{I}$，则有

$$I_0*\tilde{h}_\mathrm{I}=\tilde{h}_\mathrm{I}*I_0$$

由

$$I_0\ (x)\ =\alpha+\beta\cos(2\pi f_0x)$$

可知物的可见度为β/α，该物的像强度分布为

$$\begin{aligned}I_i(x)\ &=\int_{-\infty}^{\infty}I_0(\xi)\tilde{h}_\mathrm{I}(x-\xi)\mathrm{d}\xi\\&=\int_{-\infty}^{\infty}I_0(x-\xi)\tilde{h}_\mathrm{I}(\xi)\mathrm{d}\xi\\&=\int_{-\infty}^{\infty}\{\alpha+\beta\cos[2\pi f_0(x-\xi)]\tilde{h}_\mathrm{I}(\xi)\mathrm{d}\xi\\&=\int_{-\infty}^{\infty}\alpha\tilde{h}_\mathrm{I}(\xi)\mathrm{d}\xi+\frac{\beta}{2}\int_{-\infty}^{\infty}\mathrm{e}^{\mathrm{j}2\pi f_0(x-\xi)}\tilde{h}_\mathrm{I}(\xi)\mathrm{d}\xi+\end{aligned}$$

$$\frac{\beta}{2}\int_{-\infty}^{\infty}\mathrm{e}^{-\mathrm{j}2\pi f_0(x-\xi)}\tilde{h}_\mathrm{I}(\xi)\mathrm{d}\xi$$

以上三项中，第一项设 $\int_{-\infty}^{\infty}\tilde{h}_\mathrm{I}(\xi)\mathrm{d}\xi=1$(取归一化的脉冲响应)，则结果为 α；

第二项为 $\frac{\beta}{2}\mathrm{e}^{\mathrm{j}2\pi f_0 x}\int_{-\infty}^{\infty}\tilde{h}_\mathrm{I}(\xi)\mathrm{e}^{-\mathrm{j}2\pi f_0\xi}\mathrm{d}\xi=\frac{\beta}{2}\mathrm{e}^{\mathrm{j}2\pi f_0 x}\tilde{H}(f_0)$，

式中，$\tilde{H}_0(f_0)$ 为光学传递函数，$\tilde{H}_0(f_0)=T(f_0)\mathrm{e}^{-\mathrm{j}\varphi(f_0)}$；

第三项为 $\frac{\beta}{2}\mathrm{e}^{-\mathrm{j}2\pi f_0 x}\int_{-\infty}^{\infty}\tilde{h}_\mathrm{I}(\xi)\mathrm{e}^{\mathrm{j}2\pi f_0\xi}\mathrm{d}\xi=\frac{\beta}{2}\mathrm{e}^{-\mathrm{j}2\pi f_0 x}\tilde{H}_0^*(f_0)$。

所以

$$\begin{aligned}I_i(x)&=\alpha+\frac{\beta}{2}T(f_0)\mathrm{e}^{\mathrm{j}[2\pi f_0 x-\varphi(f_0)]}+\frac{\beta}{2}T(f_0)\mathrm{e}^{-\mathrm{j}[2\pi f_0 x-\varphi(f_0)]}\\&=\alpha+\beta T(f_0)\cos[2\pi f_0 x-\varphi(f_0)]\end{aligned}$$

像的可见度为 $\frac{\beta T(f_0)}{\alpha}$，因为 $T(f_0)\leqslant 1$，所以像的可见度小于等于物的可见度 $\frac{\beta}{2}$。

相对于物而言，像除了可见度小于等于物的可见度，还产生了一个相移 $\varphi(f_0)$。

16. **解：** 当采用相干照明时，对于半径为 a 的出瞳，其截止频率 $\rho_\mathrm{c}=\frac{a}{\lambda d_i}$。由于系统的横向放大率为 1，物和理想像等大，空间频谱结构相同。

由题设条件

$$\lambda \frac{d_i}{b} < a < 2\lambda \frac{d_i}{b}$$

可以得到

$$\frac{1}{2}\rho_c < \frac{1}{b} < \rho_c$$

将物函数展开成傅里叶级数得

$$t_1(x) = \left|\cos 2\pi \frac{x}{b}\right|$$
$$= \frac{4}{\pi}\left[\frac{1}{2} + \frac{1}{1\times 3}\cos\left(4\pi \frac{x}{b}\right) - \frac{1}{3\times 5}\cos\left(6\pi \frac{x}{b}\right) + \cdots\right]$$

此物函数的基频$\frac{2}{b} > \rho_c$。所以在相干照明下物不能成像，像面呈均匀强度分布。

在非相干照明条件下，系统的截止频率 $2\rho_c$ 大于物的基频。虽然物的基频被衰减，高频被截断，但由于零频和基频均能通过系统参与成像，这时显然非相干成像比相干成像好。

第 6 章
偏振双折射与光电器件

基本理论与公式

6.1 光波的偏振特性

1. 线偏振光

电场矢量在固定方向上振动的光波，称为线偏振光（linear polarized light）。电场矢量沿 x 方向，如图 6.1 所示，其波函数为

$$\boldsymbol{E} = \hat{\boldsymbol{i}} E_0 \cos(kz - \omega t) \tag{6.1}$$

2. 圆偏振光

两列电矢量相互垂直、初始相位差为 $\Delta\varphi = \varphi_{0y} - \varphi_{0x} = -\dfrac{\pi}{2}$ 的线偏振光叠加为圆偏振光：

$$\boldsymbol{E} = \hat{\boldsymbol{i}} E_0 \cos(kz - \omega t + \pi/2) + \hat{\boldsymbol{j}} E_0 \cos(kz - \omega t) \tag{6.2}$$

圆偏振光分为右旋偏振光（right-circularly polarized light,

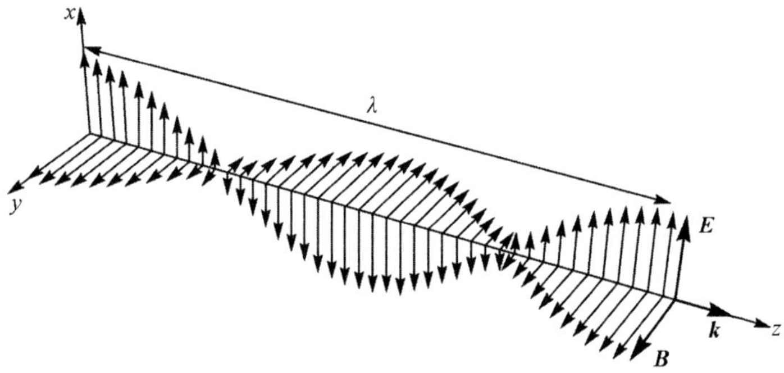

图6.1　沿 z 轴方向传输、电场矢量在 x 轴振荡变化的线偏振光

RCP）和左旋偏振光（left-circularly polarized light，LCP）。

3. **椭圆偏振光**

当两列电矢量相互垂直的线偏振光叠加，且振幅不相等 $E_{0x} \neq E_{0y}$，相位差 $0 < \Delta\varphi < \pi$ 时为左旋椭圆偏振光，相位差 $0 > \Delta\varphi > -\pi$ 时为右旋椭圆偏振光，如图6.2（a）所示。图6.2（b）给出了当 $E_{0x} = E_{0y}$、$\Delta\varphi$ 取不同值时，线偏振光、椭圆偏振光与圆偏振光间的转换过程。

4. **自然光**

由大量不同取向、彼此相位无关的线偏振光构成的集合称为自然光，如图6.3（a）所示。若这些线偏振光的集合在某一方向有较强的光强，如图6.3（b）所示，这时称为部分偏振光。

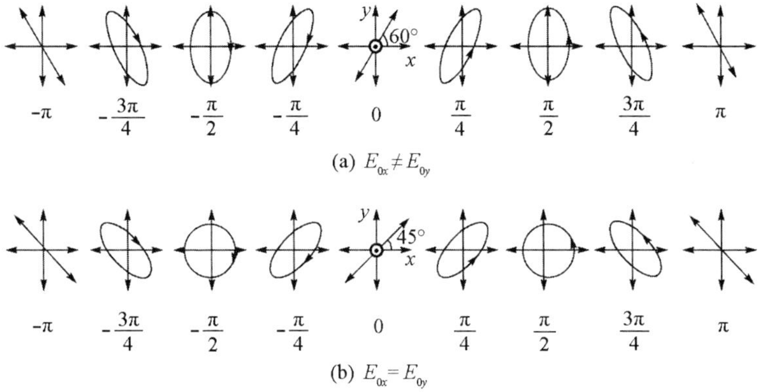

图 6.2　E_{0x}、E_{0y} 和 $\Delta\varphi$ 取不同值时，光波偏振状态的变化过程

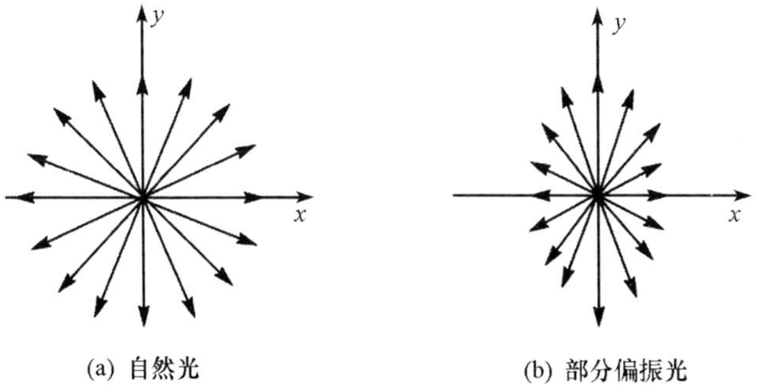

图 6. 3　自然光与部分偏振光

6.2 线偏振器与马吕斯定律

1. 线偏振器

线偏振器（linear polarizer）又称起偏器，是一种对偏振光选择性透明的器件。只有与它的透光轴（偏振轴）平行的偏振光才能通过，如图6.4所示。

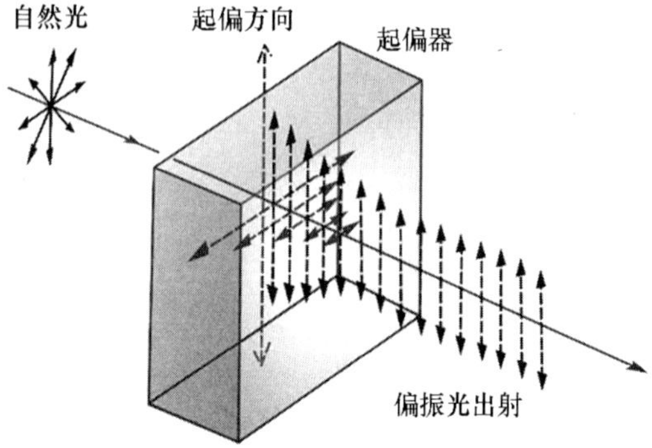

图6.4　透射光转化为偏振方向平行于偏振轴的线偏振光

2. 马吕斯定律

当一束线偏振光通过起偏器时，若光的偏振方向（即电场方向）与透光轴方向的夹角为 θ，如图6.5所示，则平行于透光轴的电场大小为 $E_{\parallel}=E_0\cos\theta$，透射线偏振光的光强为

$$I_p=(E_0\cos\theta)^2 \quad 或 \quad I_p=I_0\cos^2\theta \tag{6.3}$$

上式即为马吕斯定律（Malus's law）。式中，$I_0=E_0^2$ 为入射光

光强，E_0为入射光的振幅。

当自然光通过起偏器时，每一方向的透射强度都满足马吕斯定律，总的透射强度应是各方向之和的平均值

$$I_{\mathrm{p}} = I_0 \frac{1}{2\pi}\int_0^{2\pi} \cos^2\theta \mathrm{d}\theta = \frac{1}{2}I_0 \tag{6.4}$$

在图 6.5 中，自然光通过第一个起偏器产生偏振光，偏振光通过第二个起偏器后振幅改变。

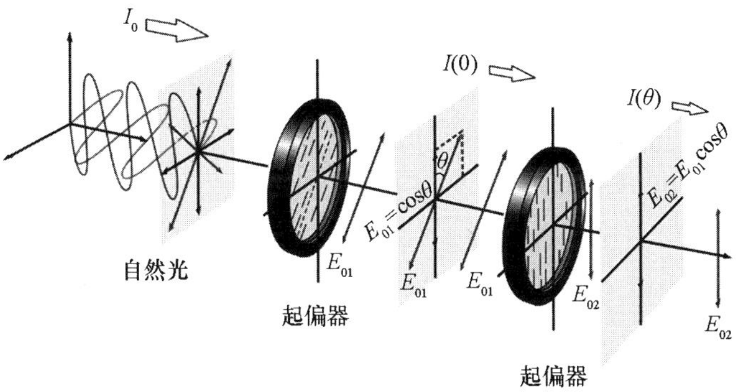

图 6.5　自然光通过起偏器的状态

6.3　晶体双折射

当光与双折射晶体光轴不平行入射时，折射光被分成两束线偏振光。其中一束满足各向同性介质中的折射定律，称为寻常光（ordinary light），简记为 o 光；另一束光的折射率与传播方向有关，称为非常光（extro-ordinary light），简记为 e 光，如

图6.6（a）所示。光在晶体中其传播方向与光轴构成的平面称为主平面（principal plane）。o光的振动方向与主平面垂直，e光的振动方向与主平面平行，如图6.6（b）所示。

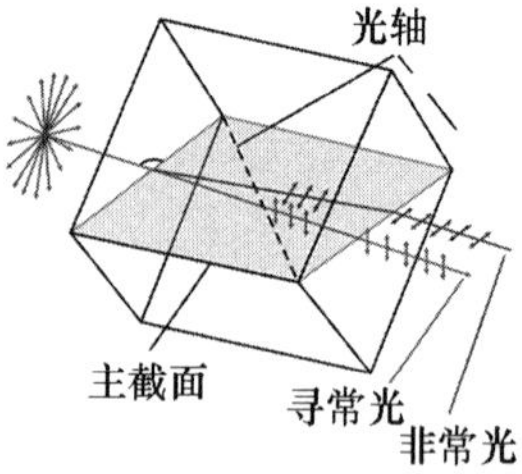

(a) 晶体双折射示意图

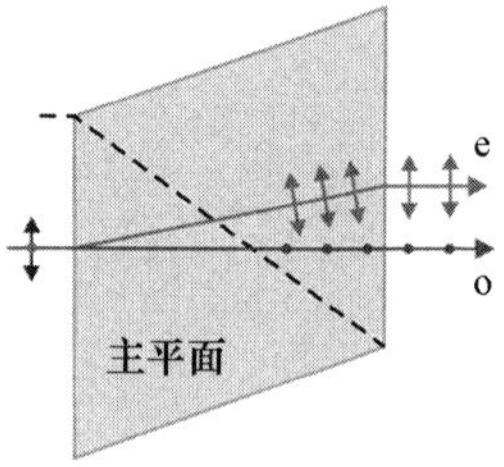

(b) o光和e光偏振方向与主平面的几何关系

图6.6　方解石晶体双折射

o光在晶体中沿各个方向的传播速度 v_o 都相同，折射率用 n_o 表示。e光在双折射中晶体 n_e 的折射率与传播方向有关。o光光速 v_o 和垂直光轴方向e光光速 v_e 对应的折射率称为单轴晶体的两个主折射率：

$$\begin{cases} n_o = \dfrac{c}{v_o} \\ n_e = \dfrac{c}{v_e} \end{cases} \tag{6.5}$$

6.4 波片

光束通过波片后，o 光和 e 光两光束产生了附加的相位差。设波片厚度为 d，出射 o 光和 e 光这两个正交偏振光之间相位差为

$$\delta_{oe}=\frac{2\pi}{\lambda}\left(n_e-n_o\right)d \tag{6.6}$$

1. 四分之一波片

当 o 光与 e 光通过波片产生的相位差为

$$\delta_{oe}=\pm\left(2k+1\right)\frac{\pi}{2}\quad\left(k=0,1,2,\cdots\right) \tag{6.7}$$

时，波片称为四分之一波片或 1/4 波片（quarter-wave plate）。1/4 波片的有效相位差为

$$\delta_{oe}=\pm\frac{\pi}{2} \tag{6.8}$$

1/4 波片的厚度 d 应满足以下条件：

$$d=\left(2k+1\right)\frac{\lambda}{4\Delta n}\quad\left(\Delta n=\left|n_e-n_o\right|\right) \tag{6.9}$$

其最小值为

$$d_m=\frac{\lambda}{4\Delta n} \tag{6.10}$$

当一束偏振光正入射 1/4 波片且偏振方向与光轴夹角为 45°时，出射光为右旋圆偏振光，如图 6.7 所示。

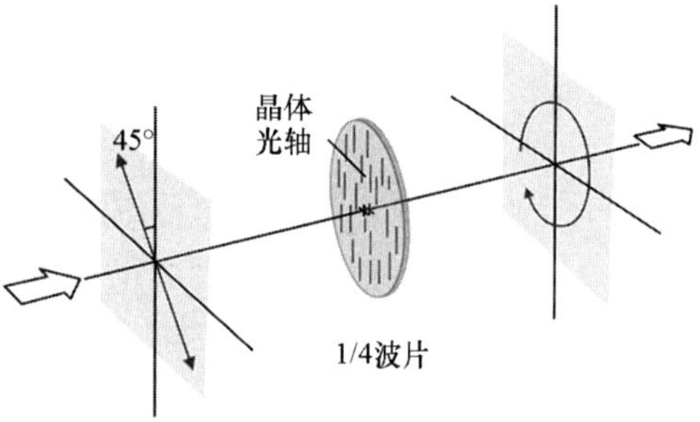

图 6.7　线偏振光通过 1/4 波片转换为圆偏振光

2. 二分之一波片

当 o 光与 e 光通过波片产生的相位差为

$$\delta_{oe} = \pm (2k+1)\pi, \quad k=0, 1, 2, \cdots \tag{6.11}$$

时，波片称为二分之一波片或 1/2 波片（half-wave plate）。1/2 波片的有效相位差为

$$\delta_{oe} = \pi \tag{6.12}$$

对正负晶体均为此值。1/2 波片的厚度 d 为

$$d = (2k+1)\frac{\lambda}{2\Delta n}, \quad \Delta n = |n_e - n_o| \tag{6.13}$$

其最小值为

$$d_m = \frac{\lambda}{2\Delta n} \tag{6.14}$$

当一束线偏振光正入射 1/2 波片时，出射光为以光轴为镜像的线偏振光，如图 6.8 所示。

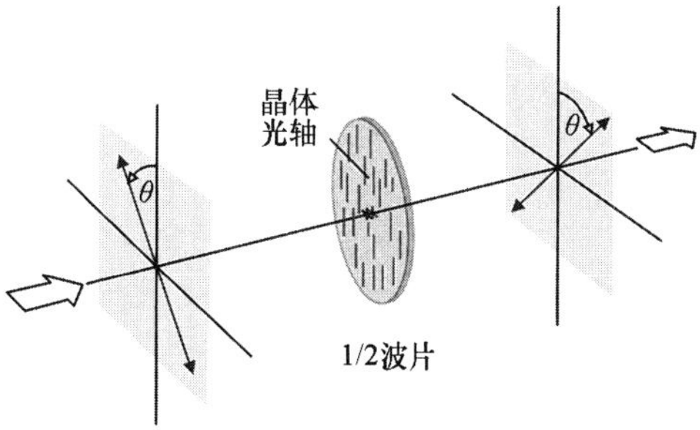

图 6.8　线偏振光通过 1/2 波片转换为以光轴为镜像的线偏振光

3. 全波片

全波片（one-wave plate）也记作 λ 波片。通过 λ 波片产生的附加相位差为

$$\delta_{oe} = \pm 2k\pi, \quad k = 1, 2, 3, \cdots \tag{6.15}$$

λ 波片所附加的有效相位差

$$\delta_{oe} = 0$$

厚度为

$$d = k\frac{\lambda}{\Delta n}, \quad \Delta n = |n_e - n_o| \tag{6.16}$$

其最小值为

$$d_m = \frac{\lambda}{\Delta n} \tag{6.17}$$

6.5 光学旋光

1. 自然旋光效应

当偏振光沿石英晶体的光轴方向传播时，其偏振面相对原方向发生旋转，如图 6.9 所示。这种偏振面发生旋转的现象称为旋光效应。

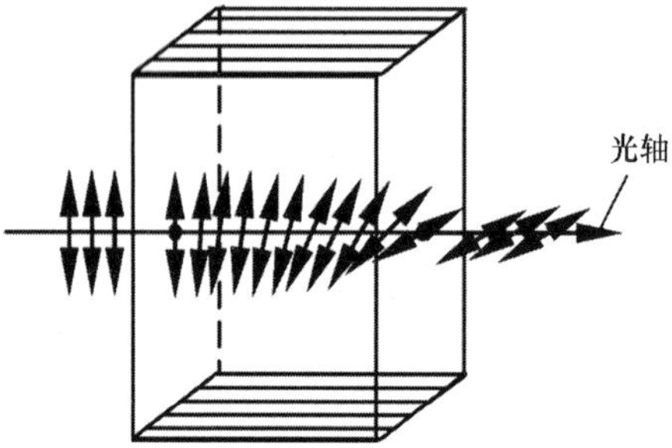

图 6.9 旋光现象

迎着光束传播方向观察，若偏振面表现为顺时针旋转，称作右旋（right handed），该旋光介质为右手性；若偏振面表现为逆时针旋转，称作左旋（left handed），该旋光介质为左手性。旋光介质对偏振光的偏振面的旋转角与旋光介质的厚度成正比：

$$\psi = \alpha d \tag{6.18}$$

式中，α 为旋光率（specific rotation），单位为（°）/mm。对旋光溶液偏振面的旋转角还与旋光介质的浓度成正比：

$$\psi = [\alpha] Nd \tag{6.19}$$

式中：[α] 为液体的旋光率，单位为 (°) / ($cm \cdot g \cdot cm^{-3}$)；N 为旋光物质的质量浓度，单位为 $g \cdot cm^{-3}$。

2. **法拉第效应——磁致旋光**

在磁场作用下，一些材料可以引起平行于磁场方向传播的线偏振光发生旋转，如图 6.10 所示。光学介质在强磁场的作用下产生的旋光现象称为法拉第效应，也称为磁致旋光。

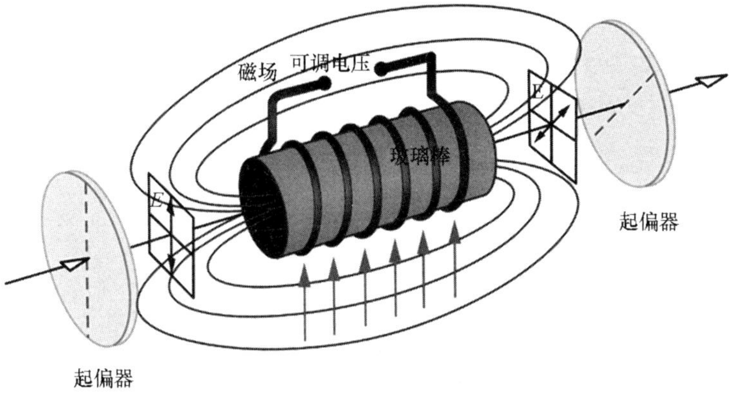

图 6. 10　磁致旋光

光波偏振面转角 ψ 正比于磁场 B 和介质长度 l，其定量表达式为

$$\psi = VBl \tag{6.20}$$

式中，V 称为韦尔代常数，表征物质的磁光特性，单位为 (°) / (T · m)。

磁致旋光具有不可逆性，当一束线偏振光往返两次通过磁场区后，其偏振面的转角加倍。

6.6 电光效应

1. 泡克耳斯效应——线性电光效应

一些单轴晶体在外加电场作用下可以转变为双轴晶体，这类感生双折射现象称为泡克耳斯效应，如图 6.11 所示。泡克耳斯效应的典型实验装置称为泡克耳斯盒（Pockels cell）。

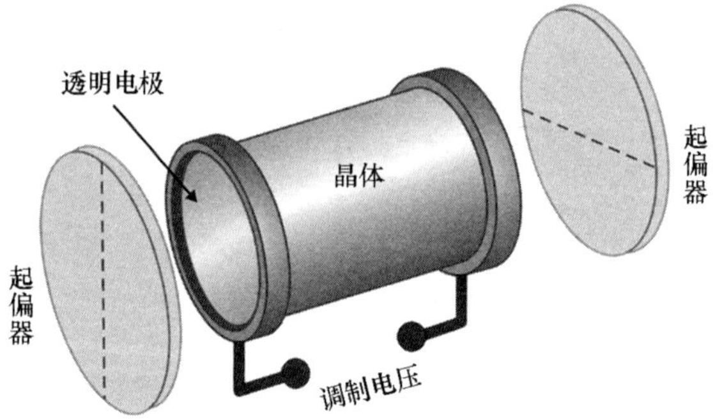

图 6.11 泡克耳斯效应

当加以电压 U 以后，该晶体在纵向电压下变成了双轴晶体。其横向两个主折射率 $n_x \neq n_y$，造成折射率差 $\Delta n = n_x - n_y$。Δn 正比于外加电场 E，引入比例常数 C，可以写成

$$\Delta n = CE$$

经过长为 l 的泡克耳斯盒所产生的附加相位差为

$$\delta=\frac{2\pi}{\lambda}\Delta n\cdot l=2\pi\frac{C}{\lambda}lE \tag{6.21}$$

上式表明，若电极反向即电场 E 反向，则 Δn 或 δ 的正负号也将反号。

2. 克尔效应——平方电光效应

许多物质（如玻璃）在强电场作用下具有双折射效应，称为平方电光效应或克尔效应（Kerr effect）。克尔效应有以下规律：

$$\Delta n\propto E^2 \text{ 即 } \Delta n=bE^2 \tag{6.22}$$

假设克尔盒中电场区的长度为 l，引入克尔常数 $K=\frac{b}{\lambda}$，则克尔效应所导致的两种偏振方向光的附加相位差为

$$\delta=\frac{2\pi}{\lambda}lbE^2=2\pi KlE^2 \tag{6.23}$$

式中，克尔常数 K 的单位为 m/V^2。克尔效应中折射率的变化正比于电场强度的平方值，但与电场方向无关，因此进行正负极对换并不影响实验结果。

习题

1. 写出一个沿 z 轴正方向传播的平面电磁波的电场和磁场，该电磁波的线偏振面和 yz 平面之间成 45°夹角。

2. 自然光中的振动矢量呈各向同性分布，合成矢量的平均值为零，为什么光强度却不为零?

3. 描述右旋偏振光公式为 $E_x = E_0\cos(kz - \omega t + \pi/2)$，$E_y = E_0\cos(kz - \omega t)$。在 $z = 0$ 的平面上，通过计算时间分别为 $t = 0$、$\frac{\pi}{2\omega}$、$\frac{\pi}{\omega}$和$\frac{3\pi}{2\omega}$时振幅的大小与方向，绘图说明右旋偏振光随时间的变化特点。

4. 平面波的电场矢量为 $E_x = E_0\cos(kz - \omega t + \Delta\varphi)$，$E_y = E_0\cos(kz - \omega t)$，当 $\Delta\varphi = \frac{\pi}{4}$、0 和$\frac{3\pi}{2}$时，在 $z = 0$ 的平面上描绘出相应的偏振态图。

5. 最原始的起偏器（偏振片）由导电金属将密排的金属丝连接在一起构成，如下图所示。请应用电磁学知识解释其起偏原理。

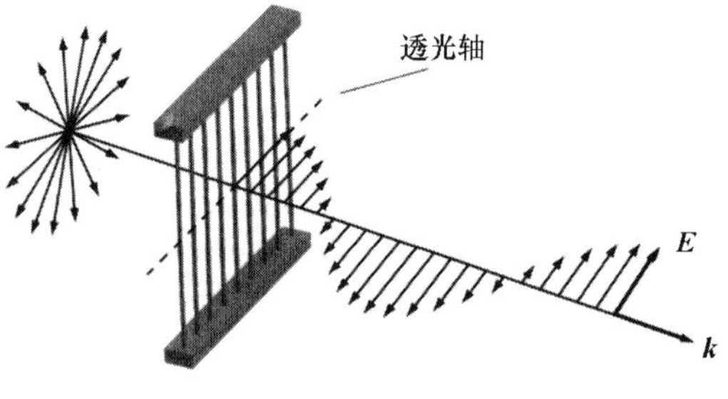

6. 自然光投射到叠在一起的两块偏振片上，求两偏振片的偏振轴方向夹角为多大才能使：

（1）透射光强为入射光强的 1/3；

（2）透射光强为最大透射光强的 1/3（均不计吸收）。

7. 在两个互相垂直的起偏器中间放置一个起偏器，如下图所示，自然光入射时，这三个起偏器在什么条件下总会有光通过？什么条件下没有光通过？

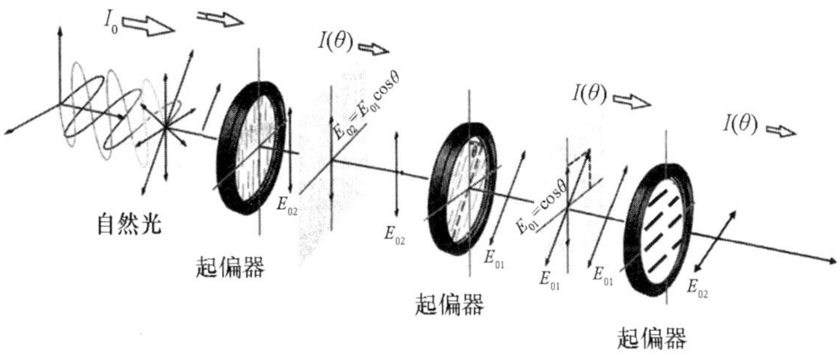

8. 用偏振片观察下列各种光，初步判断它们的偏振态：

（1）直射的阳光；

（2）经玻璃板反射的阳光；

（3）不同方位的天空散射光；

（4）白云散射的光。

9. 改变起偏器和检偏器之间的夹角 θ 可以控制一束光的有效光强，如果要得到入射光强 20% 的有效光强，那么起偏器和检偏器之间的夹角 θ 大约是多少度？

10. 设 1/4 波片的快轴方向在垂直方向上，入射偏振光电矢量与 1/4 波片的快轴成 +60°夹角，如下图所示。试分析出射光的偏振态。

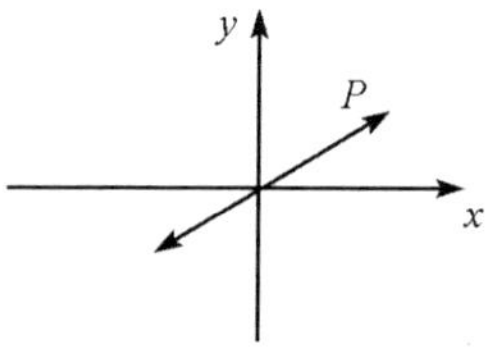

11. 一束平行光正入射方解石晶体制作的 1/4 波片，如下图所示，当入射光为如下线偏振光 $E_x = E_0\cos(kz - \omega t)$，$E_y = E_0\cos(kz - \omega t)$ 时，证明通过方解石晶体 1/4 波片的出射光为右旋偏振光。如果该右旋偏振光又一次正入射 1/4 波片，证明出射光为与入射偏振光相互垂直的线偏振光。

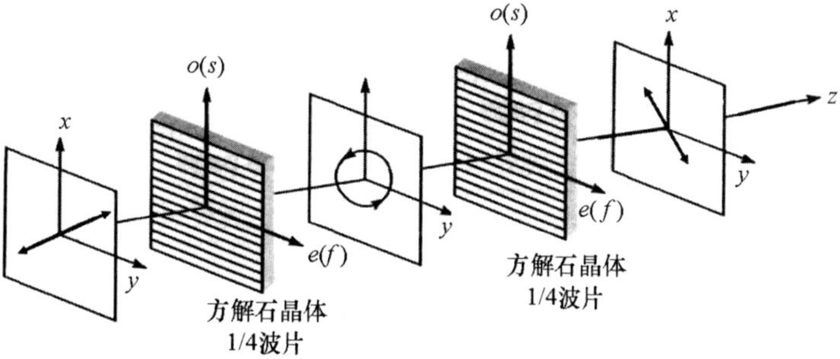

12. 一束右旋偏振光 $E_x = E_0\cos(kz - \omega t + \pi/2)$，$E_y = E_0\cos(kz - \omega t)$ 正入射方解石晶体 1/2 波片，如下图所示，证明出射光为左旋偏振光。

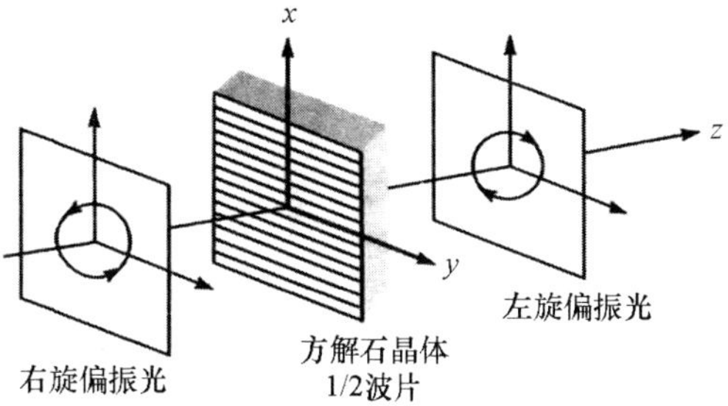

13. 巴比涅补偿器结构如下图所示，其由左右两块楔形双折射棱镜构成，第一块棱镜的光轴平行于入射表面，并与第二块棱镜的光轴方向正交。当正入射光束通过补偿器时，两个正交偏振光之一所对应的折射率从 n_o 转变为 n_e，另一个所对应的折射率从 n_e 转变为 n_o。证明相互垂直正交偏振的光通过补偿器后引起的附加相位差为

$$\Delta\delta = \frac{2\pi}{\lambda}(n_o - n_e)(d_1 - d_2)$$

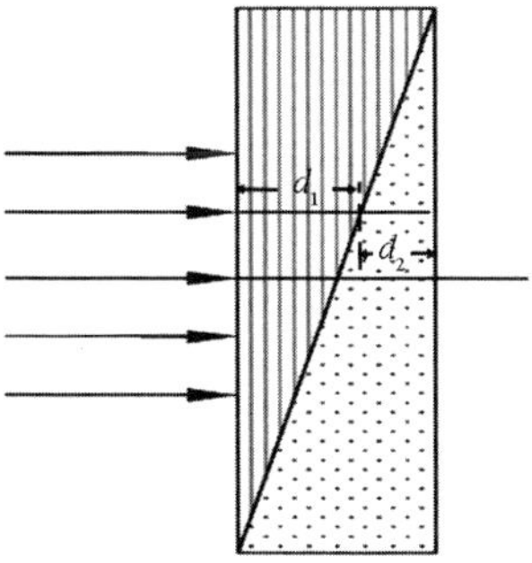

巴比涅补偿器

14. 用一束钠黄光正入射一对偏振方向互相垂直的偏振器，在这两个偏振器中间放置巴比涅补偿器，补偿器光轴方向与偏振器起偏方向成45°夹角。当把一个薄云母片（双折射率分别为1.599和1.594）放置在补偿器上时，整个暗带移动了条纹间距的1/2，试计算云母薄片使相互垂直偏振方向的光波产生的延迟量及云母片的厚度。

15. 光束由空气一方入射至下图所示的负单轴晶体表面。图（a)中光轴与边界平行，且与入射面平行；图（b）中光轴与边界垂直，与入射面平行；图（c）中光轴与边界平行，与入射面垂直。用惠更斯作图法画出光进入晶体后，o光和e光的波矢方向。作图时自行设定折射率椭球的两主轴长度之比。

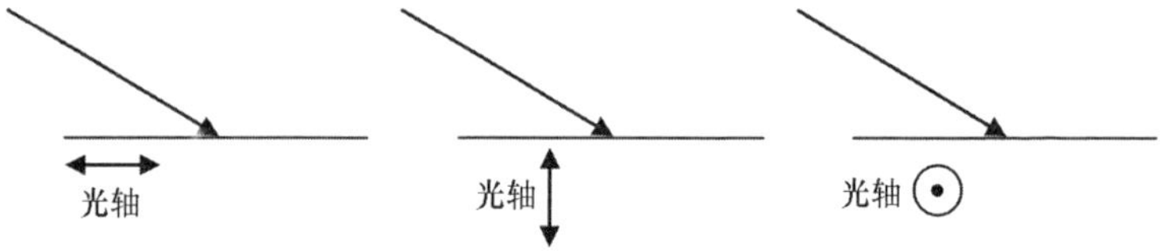

(a) (b) (c)

16. 一束左旋圆偏振光（$\lambda=589.3$ nm）入射方解石晶体制作的波片，该波片的厚度为0.005 141 mm，$n_o=1.658\ 36$，$n_e=1.486\ 41$。求出射光的偏振态。

17. 怎样将右旋圆偏振光转变成左旋圆偏振光?

18. 用单色自然光进行杨氏实验，观察屏幕上出现一组干涉条纹。如下图所示，已知屏上 A、C 两点分别对应零级亮纹和零级暗纹，B 是 AC 的中点。问：

（1）若在双缝后放一理想偏振片 P，屏上干涉条纹的位置、宽度会有何变化？A、C 两点的光强会有何变化？

（2）在一缝的偏振片后放一片光轴与偏振片透光方向成 45° 的半波片，屏上有无干涉条纹？A、B、C 各点的情况如何？

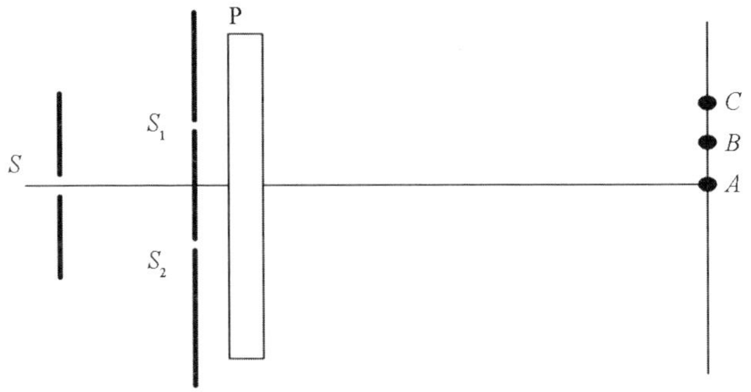

19. 一个 1/4 波片在两个正交的起偏器中间，如下图所示。如果一束非偏振光从第一个偏振片入射，讨论当 1/4 波片旋

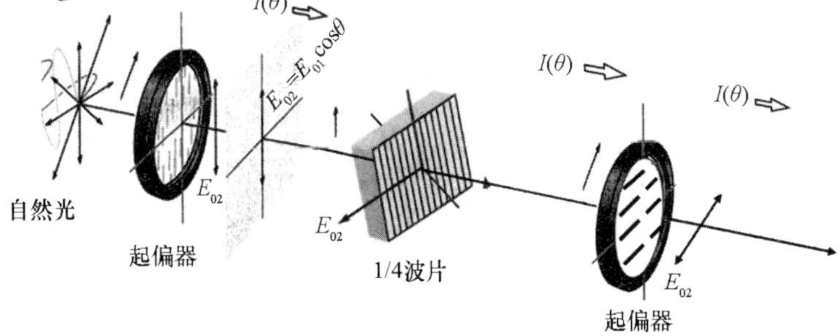

转时，出射光强度的变化。如果用 1/2 波片代替 1/4 波片，那么结果将如何变化？

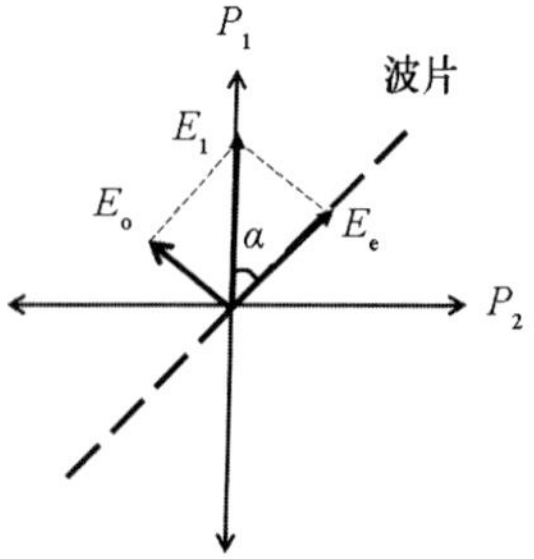

20. 在题 19 中，如果 1/4 波片的光轴和偏振片的透光轴成 45°角，证明只有 1/4 的入射光强可以通过。如果 1/4 波片被 1/2 波片代替，证明有 1/2 的入射光强可以通过。

21. 一块含磁光玻璃 SF－6 处在 0.64 T 大小的磁场中，该玻璃的厚度为 10.5 cm。请问一束光穿过这块玻璃后，它的偏振方向旋转多少角度？磁光玻璃 SF－6 的韦尔代常数为 1.017×10^4（°）/（T·m）。

22. 一个 20 cm 长的玻璃管中充满了某种液体。如果在大小为 0.82 T 的磁场下，穿过该玻璃管的偏振光旋转了 66.46°，请问该液体的韦尔代常数是多少？如果用该玻璃管制作偏振光隔离器，在材料的两端应施加多大的磁场？

23. 计算泡克耳斯晶体 KDP 和 ADP 的半波电压。已知：波长 $\lambda=546.1$ nm，常数 $C=n_o^3\gamma_{63}$。KDP：$n_o=1.514$，$\gamma_{63}=10.5\times$

10^{-12} m/V。ADP：$n_o = 1.530$，$\gamma_{63} = 8.5 \times 10^{-12}$ m/V。

24. 将硝基甲苯注入克尔盒，其极板沿轴向的长度为 3 cm，两极板间距为 0.6 cm，若使用该克尔盒和波长为 589.3 nm 的钠黄光进行克尔效应试验，装置原理图如下图所示，起偏器 P_1 与 P_2 的起偏方向垂直，外加电场的方向与 P_1 的起偏方向成 45°夹角。至少应施加多大电压，才能实现最大的光强输出？已知：硝基甲苯对于钠黄光的克尔常数 K 为 1.37×10^{-12} m/V^2。

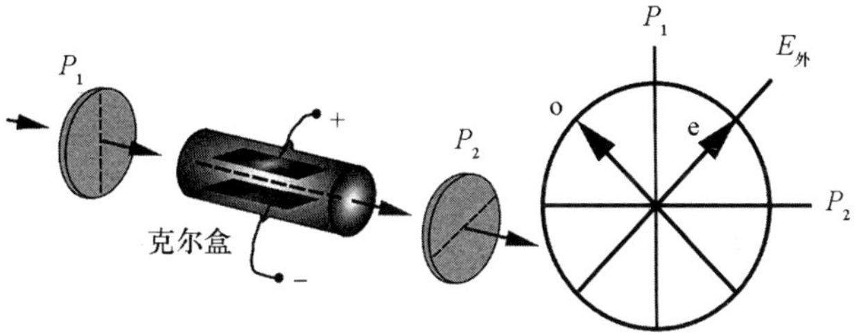

25. 在上题中，若克尔盒中材料为硝基苯，其极板沿轴向的长度为 2.5 cm，两极板间距为 1 cm，所加电压为 23 kV。求波长为 589.3 nm 的钠黄光经过该克尔盒，o 光和 e 光之间产生的相位差。若入射的纳黄光为线偏振光，且偏振方向与 P_1 的透振方向平行，求经过克尔效应装置后，最终输出的光强百分比。硝基苯克尔常数 K 约为 2.44×10^{-12} m/V^2。

26. 用克尔常数 K 约为 2.44×10^{-12} m/V^2 的硝基苯液体制成克尔盒实验装置，其板长 2.8 cm，两板间距 0.6 cm。

(1) 若要求克尔盒装置有最大输出光强，则应施加多大电压？

（2）这一最大输出光强是输入自然光强度的百分之几。

27. 将硝基苯注入克尔盒，其板长 3.0 cm，两极板间距 0.75 cm，所加电压为 22 kV。

（1）求从克尔盒出射的两个正交振动之间的相位差。要求作图示意。

（2）若光强为 I_0 的自然光束入射该系统，求最终输出光强是输入自然光强的百分之几？

28. 光纤环形器功能是从端口 1 输入的光在端口 2 输出，从端口 2 输入的光在端口 3 输出，形成光波环形输入输出方式，结构示意图和构成器件如下图所示，其设计原理与非偏振光隔离器原理基本相同。请绘制环形器原理光路示意图，并解释其原理。

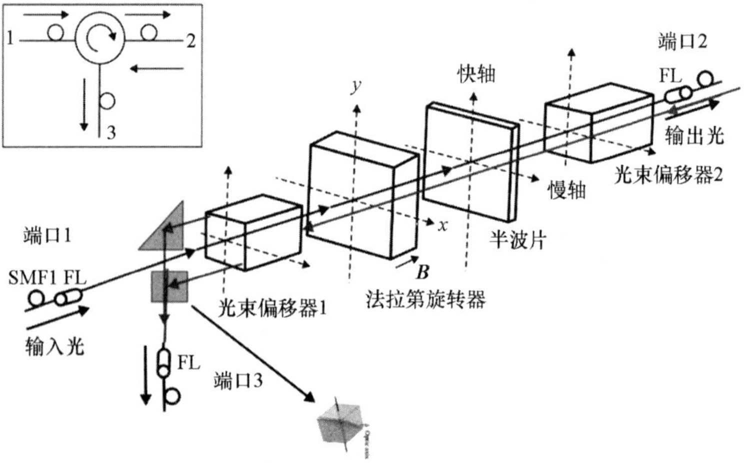

解答

1. **解：** 由题意有，该平面电磁波的电磁场为

$$\boldsymbol{E}=\frac{\sqrt{2}}{2}E_0\hat{\boldsymbol{i}}\cos(kz-\omega t)+\frac{\sqrt{2}}{2}E_0\hat{\boldsymbol{j}}\cos(kz-\omega t)$$

$$\boldsymbol{B}=-\frac{\sqrt{2}}{2}B_0\hat{\boldsymbol{i}}\cos(kz-\omega t)+\frac{\sqrt{2}}{2}B_0\hat{\boldsymbol{j}}\cos(kz-\omega t)$$

2. **答：** 自然光是大量相对于光的传播方向轴对称分布的线偏振光的集合，各偏振方向间的光波的相位是无规变化的，即自然光中各方向横向振动之间的相位是无关联的。总的光强是所有偏振方向光波的强度相加（非相干叠加）。虽然其矢量叠加的平均值为零，但其强度不为零。

3. **解：** 在 $z=0$ 的平面上，圆偏振光波函数为

$$E_x=E_0\cos\left(-\omega t+\frac{\pi}{2}\right)$$

$$E_y=E_0\cos(-\omega t)$$

当 $t=0$ 时，

$$E_x=E_0\cos\frac{\pi}{2}=0$$

$$E_y=E_0\cos 0=E_0$$

当 $t=\dfrac{\pi}{2\omega}$ 时，

$$E_x=E_0\cos\left(-\frac{\pi}{2}+\frac{\pi}{2}\right)=E_0$$

$$E_y=E_0\cos\left(-\frac{\pi}{2}\right)=0$$

当 $t=\dfrac{\pi}{\omega}$ 时，

$$E_x=E_0\cos\left(-\frac{\pi}{2}\right)=0$$

$$E_y=E_0\cos(-\pi)=-E_0$$

当 $t=\dfrac{3\pi}{2\omega}$ 时，

$$E_x=E_0\cos(-\pi)=-E_0$$

$$E_y=E_0\cos\left(-\frac{3\pi}{2}\right)=0$$

电场矢量随时间变化如下图所示，从图可以看到当迎着光传播方向时，右旋偏振光的电场矢量随时间顺时针方向旋转。

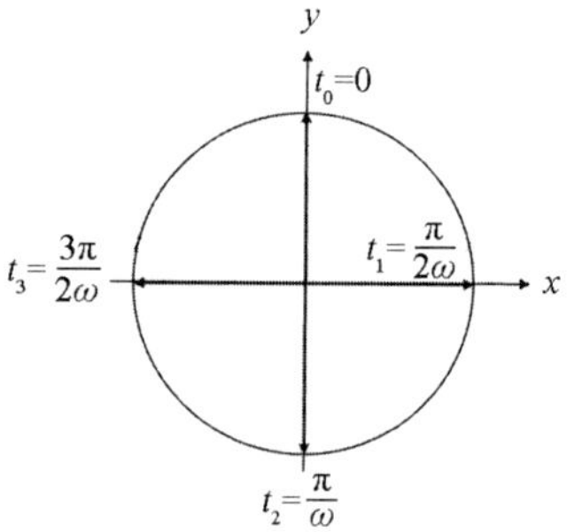

4. **解**：当 $\Delta\varphi=\frac{\pi}{4}$ 时，对应 $\varphi_{0y}-\varphi_{0x}=-\frac{\pi}{4}$；当 $\Delta\varphi=\frac{3\pi}{2}$ 等效 $\Delta\varphi=-\frac{\pi}{2}$，对应 $\varphi_{0y}-\varphi_{0x}=\frac{\pi}{2}$，可得 $\Delta\varphi=\frac{\pi}{4}$、0、$\frac{3\pi}{2}$ 时，分别对应下图的三种情况偏振态图。

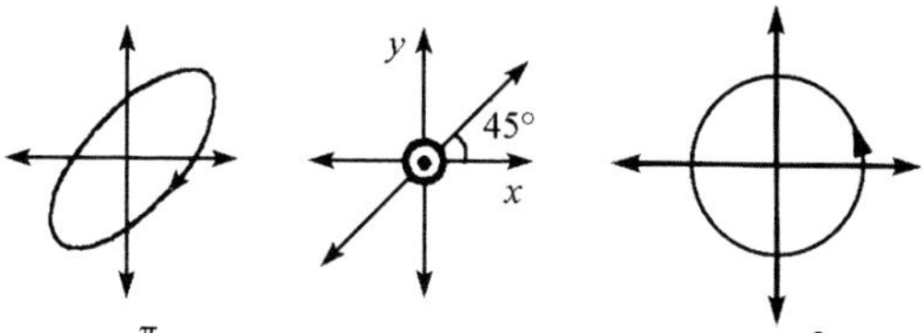

$\Delta\varphi=\frac{\pi}{4}$　　$\Delta\varphi=0$　　$\Delta\varphi=\frac{3\pi}{2}$

5. **答**：当光波入射时，偏振方向（电场矢量方向）平行于金属丝偏振光，其电场与金属丝作用，在金属丝中激发传导电流，光能转化为热能形式耗散，与金属丝平行的偏振光被吸收。入射光偏振方向垂直于金属丝时不能激发电流，因此对偏振方向垂直于金属丝的光是透明的。可以透过偏振光的偏振方向称为偏振轴方向或透光轴方向。这是现代起偏器制作的基本原理（现代起偏器大多采用具有吸收特定方向电磁场的双色性材料）。

6. **解**：(1) 设夹角为 α，根据马吕斯定律，线偏振光通过偏振片后的透射光强为

$$I=I_0\cos^2\alpha$$

自然光通过第一块偏振片之后光强为 $\frac{1}{2}I_0$，通过第二块偏振片之后光强为 $\frac{1}{2}I_0\cos^2\alpha$。

由透射光强为入射光强的$\frac{1}{3}$，则 $I=\frac{I_0}{3}$，求得

$$I=\frac{I_0}{3}=\frac{1}{2}I_0\cos^2\alpha \quad \Rightarrow$$

$$\alpha=\arccos\sqrt{\frac{2}{3}}\approx 35.26^\circ$$

（2）当两块偏振片起偏方向平行时，透射光强最大值为

$$I_{\max}=\frac{I_0}{2}$$

当透射光强为最大透射光强的 1/3 时，求得

$$I=\frac{I_{\max}}{3}=\frac{1}{3}\times\frac{1}{2}I_0=\frac{1}{2}I_0\cos^2\alpha \quad \Rightarrow$$

$$\alpha=\arccos\sqrt{\frac{1}{3}}\approx 54.74^\circ$$

7. **解：** 设中间起偏器起偏方向与第一个起偏器的起偏方向夹角为 α，与第三个起偏器的夹角为 $90^\circ-\alpha$。自然光通过这三个起偏器后的出射光光强为

$$I=\frac{I_0}{2}\cos^2\alpha\cos^2(90^\circ-\alpha)\quad=\frac{I_0}{2}\cos^2\alpha\sin^2\alpha$$

由上式可知，当中间起偏器与第一个起偏器夹角在 $0<\alpha<\frac{\pi}{2}$ 范围内时，总有光通过。当中间起偏器与第一个起偏器夹角为 0 或 $\frac{\pi}{2}$ 时，没有光通过。

8. **答：**（1）用偏振片观察直射的阳光时，旋转偏振片，透射光

强不会改变，表现为自然光现象。

(2) 用偏振片观察经玻璃板反射的阳光，当入射光在一定角度范围时，旋转偏振片，可以观察到透射光强的变化，反射光表现为部分偏振光。

(3) 用偏振片观察不同方位的天空散射光时，旋转偏振片，可以观测到透射光强的变化，并且不同方位透射光强变化程度不一样，大部分散射光表现为部分偏振光，垂直于入射方向的散射光为线偏振，平行于或逆于入射方向的散射光为自然光。

(4) 用偏振片观察白云散射的光时，旋转偏振片透射光强不会变化，表现为自然光特性。

9. **解：** 自然光通过起偏器之后光强为$\frac{1}{2}I_0$，通过检偏器之后光强为$\frac{1}{2}I_0\cos^2\theta$。

透射光强为入射光强的 $I=I_0\times20\%$，求得

$$I=\frac{1}{2}I_0\cos^2\theta=I_0\times20\% \quad \Rightarrow$$

$$\theta=\arccos\sqrt{\frac{2}{5}}\approx50.77°$$

10. **解：** 线偏振光分解为快、慢轴两个方向的线偏振光，快轴折射率小于慢轴折射率，偏振光通过 1/4 波片后的出射光波为

$$E_x = \frac{1}{2}E_0\cos\left(kz - \omega t + \frac{\pi}{2}\right)$$

$$E_y = \frac{\sqrt{3}}{2}E_0\cos(kz - \omega t)$$

则出射光为右旋椭圆偏振光，如下图所示。

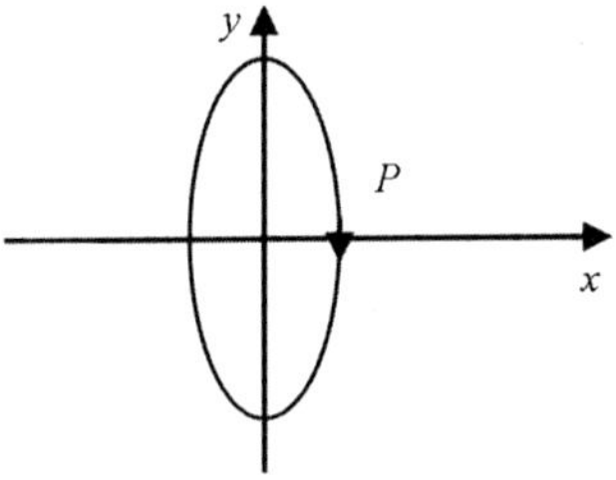

11. **证明：** 方解石为负晶体，由题图所示，x 轴为慢轴，y 轴为快轴，因此偏振光通过第一个 1/4 波片后慢轴光相对快轴光产生$\frac{\pi}{2}$的相位差，出射光简写为

$$E_x = E_0\cos\left(kz - \omega t + \frac{\pi}{2}\right)$$

$$E_y = E_0\cos(kz - \omega t)$$

通过 1/4 波片的出射光为右旋圆偏振光。

如果该右旋圆偏振光又一次正入射 1/4 波片，慢轴光相对快轴光又产生了$\frac{\pi}{2}$的相位差，出射光为

$$E_x = E_0\cos\left(kz - \omega t + \frac{\pi}{2} + \frac{\pi}{2}\right) = -E_0\cos(kz - \omega t)$$

$$E_y = E_0\cos(kz - \omega t)$$

出射光为与入射偏振光相互垂直的线偏振光。

12. **证明：** 方解石为负晶体。由题图所示，x 轴为慢轴，y 轴为快轴，因此偏振光通过第一个 1/2 波片后，慢轴光相对快轴光产生了 π 的相位差，出射光简写为

$$E_x = E_0\cos\left(kz - \omega t + \frac{\pi}{2} + \pi\right) = -E_0\cos\left(kz - \omega t + \frac{\pi}{2}\right)$$

$$E_y = E_0\cos(kz - \omega t)$$

出射光为左旋偏振光。

13. **解：** 由题图可知，光通过第一块棱镜时，o 光与 e 光产生的相位差为

$$\Delta\delta_1 = \frac{2\pi}{\lambda}(n_o - n_e)d_1$$

当光从第一块棱镜进入第二块棱镜时，在第一块棱镜的 o 光在第二块棱镜中为 e 光，在第一块棱镜的 e 光在第二块棱镜中为 o 光，通过第二块棱镜产生的相位差为

$$\Delta\delta_2 = \frac{2\pi}{\lambda}(n_e - n_o)d_2$$

总的相位差为

$$\Delta\delta = \Delta\delta_1 + \Delta\delta_2 = \frac{2\pi}{\lambda}(n_o - n_e)d_1 + \frac{2\pi}{\lambda}(n_e - n_o)d_2$$

$$= \frac{2\pi}{\lambda}(n_o - n_e)(d_1 - d_2)$$

14. **解：** 用一束钠黄光正入射一对偏振方向互相垂直的偏振器，出射光强为零。由于在这一对偏振器中间放置了巴比涅补

偿器，且补偿器光轴方向与偏振器起偏方向成45°夹角，由上题结果可知，偏振光在巴比涅补偿器不同位置的出射光具有不同的偏振态。

若产生相位差为

$$\Delta\delta=\frac{2\pi}{\lambda}(n_o-n_e)(d_1-d_2)=(2m+1)\pi\quad(m=0,\ 1,\ \cdots)$$

此处的出射光为与入射光相互垂直的线偏振光，能通过第二个起偏器，为亮条纹。

若产生相位差为

$$\Delta\delta=\frac{2\pi}{\lambda}(n_o-n_e)(d_1-d_2)=2m\pi\quad(m=1,\ 2,\ \cdots)$$

此处的出射光为与入射光平行的线偏振光，与第二个起偏器起偏方向垂直，为暗条纹。

当在巴比涅补偿器表面放置云母薄片时，云母片为双折射材料，使得相互垂直的光波产生附加相位差。由题意，云母薄片使整个暗带移动了条纹间距的$\frac{1}{2}$，即暗条纹移动到亮条纹位置。由上两式可知，厚度为d的云母薄片产生附加相位差为

$$\Delta\delta=\frac{2\pi}{\lambda}d(n_x-n_y)=\frac{2\pi}{\lambda}d\times(1.599-1.594)=\pi\quad\Rightarrow$$

$$d=\frac{\lambda}{2\times(1.599-1.594)}=\frac{589.6\ \text{nm}}{2\times(1.599-1.594)}=58.96\ \mu\text{m}$$

15. **解：**按惠更斯作图法，如下图所示。

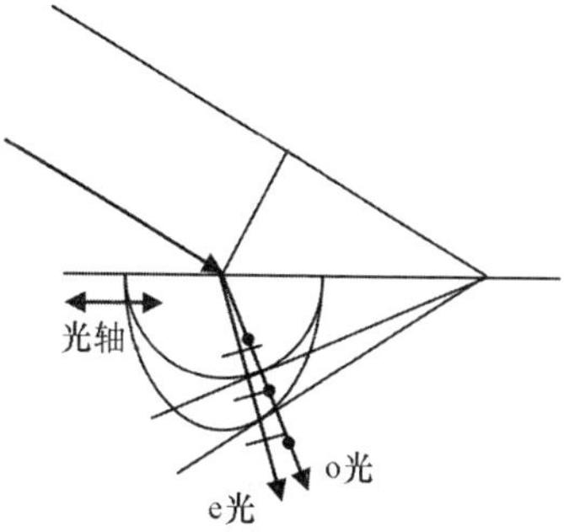

(a)

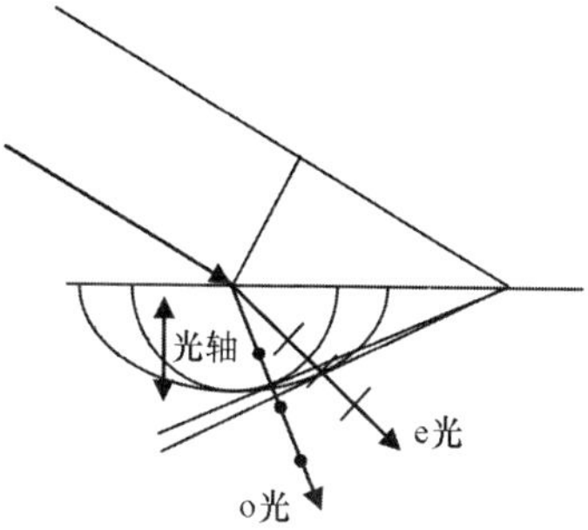

(b)

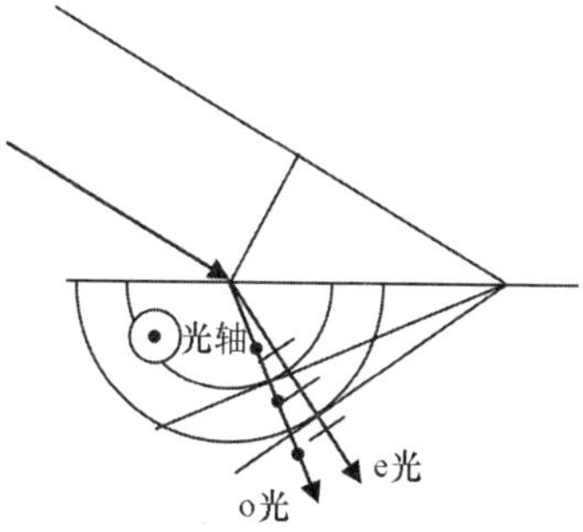

(c)

16. **解：** 设方解石波片慢轴为 x 轴，快轴为 y 轴。

光波通过波片后，o 光与 e 光产生的相位差为

$$\Delta\delta=\frac{(n_o-n_e)\times d\times 2\pi}{\lambda}$$

$$=\frac{0.17195\times 0.005141\ \text{mm}\times 2\pi}{589.3\times 10^{-6}\ \text{mm}}\approx 3\pi$$

左旋圆偏振光入射光为

$$E_x = E_0\cos\left(kz - \omega t - \frac{\pi}{2}\right)$$

$$E_y = E_0\cos(kz - \omega t)$$

通过方解石波片后的出射光波函数为

$$E_x = E_0\cos\left(kz - \omega t - \frac{\pi}{2} + \Delta\varphi\right) = E_0\cos\left(kz - \omega t + \frac{\pi}{2}\right)$$

$$E_y = E_0\cos(kz - \omega t)$$

可见，出射光为右旋圆偏振光。

17. **解：** 右旋圆偏振光的波函数为

$$E_x = E_0\cos\left(kz - \omega t + \frac{\pi}{2}\right)$$

$$E_y = E_0\cos(kz - \omega t)$$

通过正晶体或负晶体制作的 1/2 波片，其出射光波函数简洁表示为

$$E_x = E_0\cos\left(kz - \omega t + \frac{\pi}{2} \pm \pi\right) = E_0\cos\left(kz - \omega t - \frac{\pi}{2}\right)$$

$$E_y = E_0\cos(kz - \omega t)$$

通过正晶体或负晶体制作的 1/2 波片，可以将右旋圆偏振光转变成左旋圆偏振光。

18. **解：** (1) 当双缝后面没有偏振片时，在观察屏上看到的干涉条纹是各个偏振方向上干涉的强度之和。当在双缝后面放置偏振片后，在观察屏上看到的干涉条纹是各个偏振光在偏振片起偏方向上的分量干涉强度之和。由马吕斯定律，此时屏幕上干涉条纹的宽度、位置不会发生变化，A、C 两

点仍分别对应零级亮纹和零级暗纹，整体上条纹亮点降低一半。

（2）当在一缝的偏振片后放一片光轴与偏振片透光方向成45°的半波片时，通光半波片的偏振光与入射光的偏振方向垂直，如下图所示。因此，若只在双缝的其中一个缝的偏振片后面放置半波片，其出射光的偏振方向与另一个缝的出射光的偏振方向垂直，则在观察屏上的干涉条纹消失。

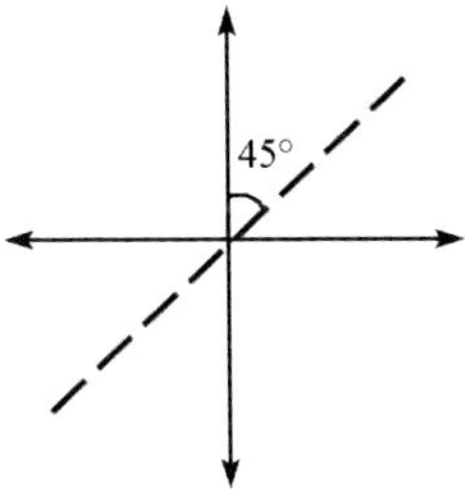

19. **解：** 定性讨论。如题图所示，当1/4 波片的光轴与第一个起偏器的偏振方向平行或垂直时，通过1/4 波片后的光仍是与第一个起偏器的出射光的偏振方向相同的线偏振光，此时通过第二个起偏器的出射光波光强为零；当1/4 波片的光轴与第一个起偏器的偏振方向的夹角满足 $0 < \theta < 90°$ 时，通过1/4 波片的光转换为椭圆偏振光。因此当1/4 波片光轴与第一个起偏器偏振方向夹角从0°旋转到90°时，光通过第二个起偏器的出射光强从零增加，45°时出射光强达到最大（此时通过1/4 波片的光为圆偏振光），旋转到90°时光强又下降为零。

定量讨论。根据题图，设1/4波片光轴与起偏器 P_1 的夹角为 α，则与起偏器 P_2 夹角为 $90°-\alpha$。通过起偏器 P_1 的线偏振光分解为o光和e光：

$$E_o = E_1 \sin\alpha\cos\ (kz-\omega t)$$

$$E_e = E_1 \cos\alpha\cos\ (kz-\omega t)$$

通过1/4波片后，o光和e光在起偏器 P_2 的分量分别为

$$E_{2o} = E_o\cos\alpha\cos(kz-\omega t)\ = E_1\sin\alpha\cos\alpha\cos(kz-\omega t+\Delta\varphi)$$

$$E_{2e} = E_e\cos(90°-\alpha)\ \cos(kz-\omega t)\ = E_1\cos\alpha\sin\alpha\cos(kz-\omega t)$$

通过起偏器 P_2 的光波是上列光波的叠加，由于 E_{2o} 与 E_{2e} 方向相反，通过1/4波片o光与e光产生的相位差 $\Delta\varphi=\frac{\pi}{2}$，根据相干原理，它们叠加波光强为

$$I_2 = \langle |E_{2o}-E_{2e}|^2\rangle = \frac{1}{2}(E_{2o}^2+E_{2e}^2-2E_{2o}E_{2e}\cos\Delta\varphi) \quad \Rightarrow$$

$$I_2 \ = (E_1\sin\alpha\cos\alpha)^2(1-\cos\Delta\varphi) = \frac{1}{4}E_1^2\sin^2(2\alpha)(1-\cos\frac{\pi}{2})$$

$$= \frac{1}{4}E_1^2\sin^2(2\alpha) = \frac{1}{4}I_0\sin^2(2\alpha)$$

式中，I_0 是入射光强。从上式看到，当1/4波片光轴与起偏器 P_1 的夹角 α 从0°增加到45°时，通过 P_2 的光强从零增加到最大，当 α 角转到90°时，光强又变为零。

采用半波片代替1/4波片，结果为

$$I_2 \ = \ (E_1\sin\alpha\cos\alpha)^2\ (1-\cos\Delta\varphi)\ = \frac{1}{4}E_1^2\sin^2(2\alpha)\ (1-\cos\pi)$$

$$=\frac{1}{2}E_1^2\sin^2(2\alpha)\quad=\frac{1}{2}I_0\sin^2(2\alpha)$$

20. **证明：** 当 1/4 波片的光轴和偏振片的透光轴成 45°角，即 $\alpha=45°$时，由上题的结果可知，系统的通过强度为

$$I_2=\frac{1}{4}I_0\sin^2(2\alpha)=\frac{1}{4}I_0\sin^2(2\times45°)=\frac{1}{4}I_0$$

对于 1/2 波片，通过 1/2 波片 o 光与 e 光产生的相位差 $\Delta\varphi=\pi$，由上题结果，出射光光强为

$$I_2=\frac{1}{4}E_1^2\sin^2(2\alpha)\ (1-\cos\Delta\varphi)$$

$$=\frac{1}{4}E_1^2\sin^2(2\times45°)\ (1-\cos\pi)\quad=\frac{1}{2}I_0$$

21. **解：** 据法拉第磁致旋光效应，磁场形成的偏振光偏振方向的旋转度数为

$$\psi=VBl=1.017\times10^3\ (°)/(\mathrm{T}\cdot\mathrm{m})\ \times0.64\ \mathrm{T}\times10.5\ \mathrm{cm}$$

$$\approx68.3°$$

22. **解：** (1) 根据法拉第效应公式 $\psi=VBl$，该液体的韦尔代常数为

$$V=\frac{\psi}{Bl}=\frac{66.46°}{0.82\ \mathrm{T}\times20\ \mathrm{cm}}\approx4.05\times10^2\ (°)/\ (\mathrm{T}\cdot\mathrm{m})$$

(2) 利用磁致旋光效应实现偏振光隔离时，要求偏振光单次通过该材料时，偏振方向产生 45°的旋转，因此外加磁场应为

$$B=\frac{\psi}{Vl}=\frac{45°}{4.05\times10^{2}(°)/(\mathrm{T\cdot m})\times20\ \mathrm{cm}}\approx0.556\ \mathrm{T}$$

23. **解**：由半波电压的物理定义，有

$$\delta=2\pi\frac{C}{\lambda}lE=2\pi\frac{n_o^3\gamma_{63}}{\lambda}U=\pi\quad\Rightarrow$$

$$U_{半}=\frac{\lambda}{2n_o^3\gamma_{63}}$$

这里利用了电压与电场强度的关系 $U=lE$。泡克耳斯晶体 KDP 和 ADP 的半波电压分别为

$$U_{半\mathrm{KDP}}=\frac{\lambda}{2n_o^3\gamma_{63}}=\frac{546.1\times10^{-9}\ \mathrm{m}}{2\times1.514^3\times10.5\times10^{-12}\ \mathrm{m/V}}\approx7.49\ \mathrm{kV}$$

$$U_{半\mathrm{ADP}}=\frac{\lambda}{2n_o^3\gamma_{63}}=\frac{546.1\times10^{-9}\ \mathrm{m}}{2\times1.530^3\times8.5\times10^{-12}\ \mathrm{m/V}}\approx8.97\ \mathrm{kV}$$

24. **解**：由克尔效应原理可知，当外加电场使硝基甲苯形成双折射晶体效应时，通过克尔盒出射光的光波的偏振方向与 P_2 起偏方向相同，要求 o 光与 e 光产生的相位差为

$$\delta=\pi$$

在外电场作用下，硝基甲苯形成双折射晶体效应产生的相位差为

$$\Delta\delta=2\pi KlE^2=2\pi Kl\left(\frac{U}{d}\right)^2$$

由上式求得电压 U 的值为

$$U=\frac{d}{\sqrt{2Kl}}=\frac{0.6\times10^{-2}}{\sqrt{2\times1.37\times10^{-12}\times3\times10^{-2}}}\ \mathrm{V}\approx21\ \mathrm{kV}$$

时输出光强最大。该电压即为该克尔盒对应于 589.3 nm 钠黄光的半波电压。

25. **解：** 偏振光通过克尔盒，o 光和 e 光的相位差为

$$\Delta\delta = 2\pi Kl\frac{U^2}{d^2}$$
$$= 2\pi \times 2.44 \times 10^{-12} \times 2.5 \times 10^{-2} \times \left(\frac{23 \times 10^3}{1 \times 10^{-2}}\right)^2 \text{ rad}$$
$$\approx 2\pi \times 0.3227 \text{ rad}$$
$$\approx 116.2^\circ$$

假设入射光的振幅为 A_1，在克尔盒形成的双折射晶体上分解为 o 光与 e 光。经过克尔盒后，o 光和 e 光再在 P_2 透射方向投影，其振幅为

$$A_{2o} = -A_1\cos 45^\circ\sin 45^\circ = -\frac{1}{2}A_1$$

$$A_{2e} = A_1\sin 45^\circ\cos 45^\circ = \frac{1}{2}A_1$$

两者之间的相位差为

$$\Delta\delta = 116.2^\circ$$

则最终输出的光强为

$$I_2 = A_{2o}^2 + A_{2e}^2 + 2A_{2o}A_{2e}\cos\Delta\delta$$
$$= A_1^2\left(\frac{1}{4} + \frac{1}{4} - \frac{1}{2}\cos 116.2^\circ\right)$$
$$\approx 0.78A_1^2$$
$$= 0.78I_1$$

因此，最终输出的光强约为入射光强的 78%。

26. **解**：（1）用于电光调制的克尔盒，通常置于两个正交偏振片之间，且外加电场方向即等效光轴方向与偏振片透振方向的夹角为45°。克尔效应引起的附加相位差为

$$\Delta\delta' = 2\pi KlE^2$$

若要求系统有最大的光强输出，则应当令 $\Delta\delta' = \pi$，从而使克尔盒输出的依然是线偏振光，且其偏振方向平行于检偏器的透振方向，而获得最大输出光强。据此，算出相应的电场 E 值为

$$E = \frac{1}{\sqrt{2Kl}} = \frac{1}{\sqrt{2\times 2.44\times 10^{-12}\times 0.028}}\ \text{V/m}$$

$$\approx 2.705\times 10^{6}\ \text{V/m}$$

因此，外加电压为

$$U_{半} = E\cdot d = 2.705\times 10^{6}\times 0.6\times 10^{-2}\ \text{V}\approx 16\ \text{kV}$$

这个电压称为"半波电压"。

（2）设入射自然光强度为 I_0，其通过起偏器后光强减少为 $I_0/2$。在半波电压的工作状态下，光强将全部通过检偏器，即此时输出光强约为输入自然光强度的50%（忽略其他一切耗散）。

27. **解**：（1）通过克尔盒，o光和e光产生的相位差为

$$\Delta\delta' = 2\pi KlE^2 = 2\pi Kl\frac{U^2}{d^2}$$

$$= 2\pi\times 2.44\times 10^{-12}\times 3.0\times 10^{-2}\times\left(\frac{22\times 10^{3}}{0.75\times 10^{-2}}\right)^2\ \text{rad}$$

$$= 2\pi\times 2.44\times 3.0\times\left(\frac{22}{0.75\times 10^{-2}}\right)^2\times 10^{-4}\ \text{rad}$$

$=2\pi\times0.6298\ \text{rad}$

$\approx226.7°$

示意图如下。

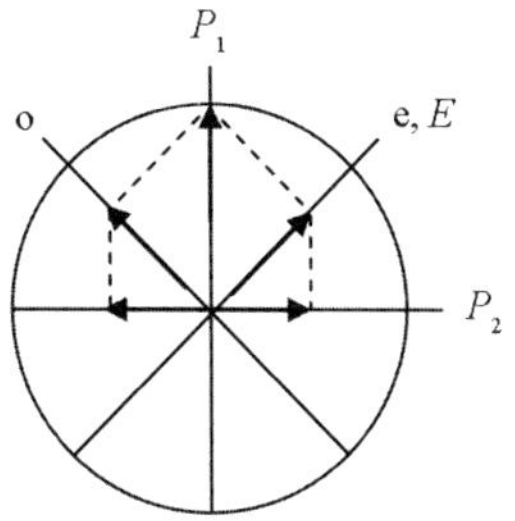

(2) 设通过 P_1 后的出射振幅为 A_1，在克尔盒形成的双折射晶体上分解为 o 光与 e 光。经过克尔盒后，o 光和 e 光在 P_2透射方向的投影振幅为

$$A_{2o}=A_1\cos45°\sin45°=\frac{1}{2}A_1$$

$$A_{2e}=A_1\sin45°\cos45°=\frac{1}{2}A_1$$

两者之间的相位差为

$$\Delta\delta_2=\delta_{入}+\Delta\delta'+\Delta\delta''\approx0+226.7°-180°=46.7°$$

该系统最终输出光强便是这两个振动相干叠加光强：

$$\begin{aligned}I_2&=A_{2o}^2+A_{2e}^2+2A_{2o}A_{2e}\cos\Delta\delta_2\\&=A_1^2\left(\frac{1}{4}+\frac{1}{4}+\frac{1}{2}\cos46.7°\right)\\&\approx0.843A_1^2\\&=0.42I_0\left(A_1^2=\frac{1}{2}I_0\right)\end{aligned}$$

即该系统的输出光强为入射自然光强度的42%（忽略其他一切耗散）。

28. **解：** 光从端口1输入从端口2输出和从端口2输入从端口3输出的原理示意图如下所示。

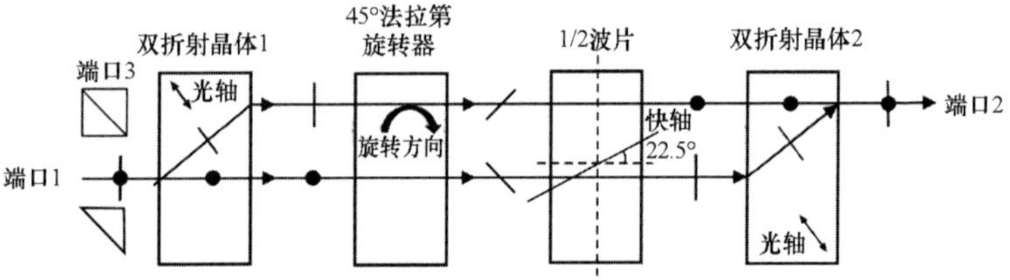

(a) 正向传输光路及偏振态变化

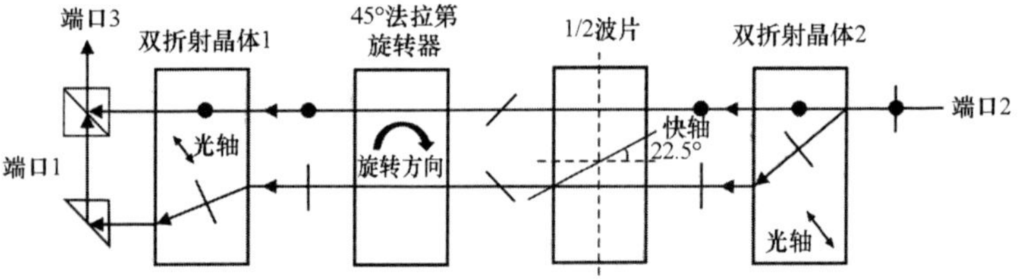

(b) 反向传输光路及偏振态变化

光由端口1到端口2过程中，光束偏振态和位置的变换情况如图（a）所示。由端口1输入的光经双折射晶体1后变成偏振方向相互垂直的两束光。它们经法拉第旋转器后，偏振方向顺时针旋转45°，再通过半波片后（偏振态与水平轴方向成22.5°角），偏振方向再顺时针旋转45°。这两束光通过半波片后，偏振方向变成互相垂直，最后由双折射晶体2合成一束光由端口2输出。

光由端口2到端口3过程中，光束偏振态和位置的变换情况如图（b）所示。由端口 2 输入的光经双折射晶体 2 后变成偏振方向相互垂直的两束光。它们经半波片后，偏振方向逆时针旋转 45°，再通过法拉第旋转器后，光束偏振态顺时针旋转 45°，偏振方向变为与原入射光偏振方向垂直，然后由双折射晶体 1 将两束光再次分开，再经由三角棱镜与 PBS 棱镜将两束光合束从端口 3 输出。(法拉第旋转器具有非互易性，正向传输和反向传输时偏振态的旋转方向一致；而波片具有互易性，正向传输和反向传输时偏振态的旋转方向相反。)

第 7 章
光的吸收、色散和散射

基本理论与公式

7.1 介质对光的吸收

1. 朗伯吸收定律

光在介质中传播时，随着传输距离的增加，光能转化为其他形式的能量而使光强度减弱的现象，称为光的吸收。光强与传输距离的关系为

$$I(x) = I_0 e^{-\alpha x} \tag{7.1}$$

式中，α 为吸收系数。上式为朗伯吸收定律的数学表达形式。

2. 比尔吸收定律

比尔吸收定律描述液体对光波的吸收规律，其数学表达式为

$$\begin{cases} \alpha = Ac \\ I = I_0 e^{-Acl} \end{cases} \tag{7.2}$$

式中，A 为与介质性质有关的常数，c 为吸收介质的浓度，l 为传输距离。比尔吸收定律表明，溶液的吸收系数 α 正比于吸收介质的浓度 c ，即正比于单位体积中的吸收分子数。

7.2　光的色散

1. 正常色散和反常色散

介质的折射率随光波频率的变化而发生改变的现象称为色散或色散效应。色散可以分为正常色散和反常色散两种情况，正常色散曲线的经验公式（柯西公式）为

$$n = A + \frac{B}{\lambda^2} + \frac{C}{\lambda^4} \tag{7.3}$$

式中，A、B、C 为与介质性质有关的常数。

当光波波长处于介质的较强吸收区时，柯西公式不再成立，实验测定的色散曲线明显偏离柯西公式所定义的色散曲线，称为反常色散现象。图 7. 1 给出了某种介质的全域色散曲线。在色散曲线斜率为正的区域对应的是介质的强吸收带，在各个强

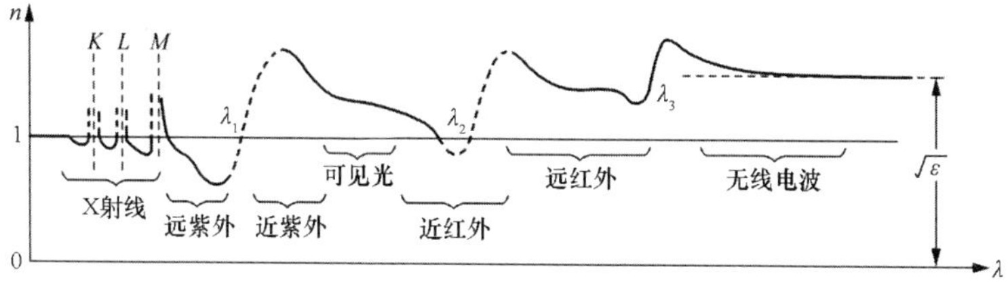

图 7. 1　某种介质的全域色散曲线

吸收带之外，色散曲线多数情况下服从柯西公式。

2. **波包的相速度和群速度**

相速度 v_p 是光波场等相位面传播的速度：

$$v_p = \frac{dx}{dt} = \frac{\omega}{k} = \frac{c}{n}$$

群速度是非单色波的包络或波包的传播速度：

$$v_g = \frac{d\omega}{dk}$$

群速度与材料的折射率和相速度之间满足如下关系：

$$v_g = v_p\left(1 + \frac{\lambda}{n}\frac{dn}{d\lambda}\right)$$

7.3 介质对光的散射

1. **瑞利散射**

瑞利通过分析大气对太阳光的散射现象，推导出散射光强度与波长的关系为

$$I(\omega) \propto \omega^4 \propto \frac{1}{\lambda^4} \tag{7.4}$$

这一关系称为瑞利散射的色散效应。瑞利散射的光强还与散射方向角 θ 有关：

$$I(\omega) = I_0(1 + \cos^2\theta) \tag{7.5}$$

式中，方向角 θ 是观测位置与光传播方向之间的夹角，系数 I_0 为 $\theta = \pi/2$ 时的散射光强。散射强度分布满足式（7.4）和

式（7.5）这两个规律的散射现象称为瑞利散射。当散射微粒的尺度小于 $\lambda/10$ 时，散射光服从瑞利散射规律。

2. **米氏散射**

散射颗粒尺寸可以与波长相比拟或大于波长时的散射强度与光波长无关，这种散射现象称为米氏散射。米氏散射中，散射光强随角度的分布非常复杂，并且散射颗粒越大散射光的角分布越复杂。随着散射颗粒的增大，前向散射光光强将会逐渐增大，如图 7.2 所示。

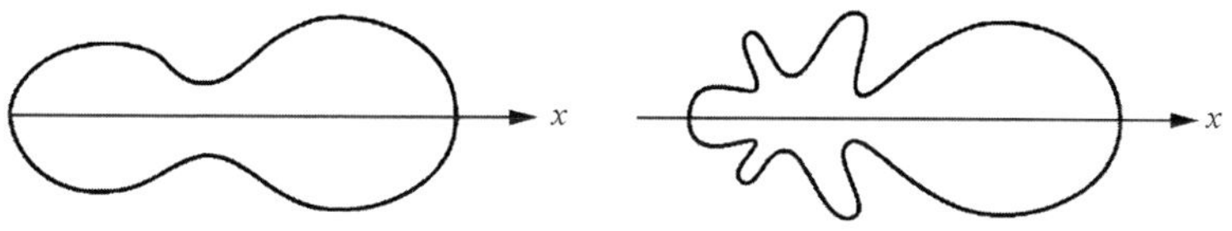

(a) 散射粒子尺寸较小时的散射　　(b) 散射粒子尺寸较大时的散射

图 7.2　米氏散射的角分布特点

瑞利散射定律适用于介质中的散射微粒尺寸小于 $\lambda/10$ 的情况，常见的有气体分子散射、流体密度涨落散射等。当介质中的散射颗粒尺度大于光波长量级时，所发生的散射为米氏散射。例如，大气中的尘埃、液滴、气溶胶对光波的散射都属于米氏散射。

习 题

1. 根据下图分析：（1）哪一种光学材料是（可见光波段）不透明的？适合用于什么波段？（2）计算蓝宝石对 500 nm 波长的吸收系数。图中标号 1 的曲线是蓝宝石透射率曲线，样品厚度 1.0 mm；标号 2 的曲线是红宝石透射率曲线，样品厚度 7.1 mm；标号 3 的曲线是硫化砷透射率曲线，样品厚度5.0 mm；标号 4 的曲线是硫化镉透射率曲线，样品厚度 1.67 mm。

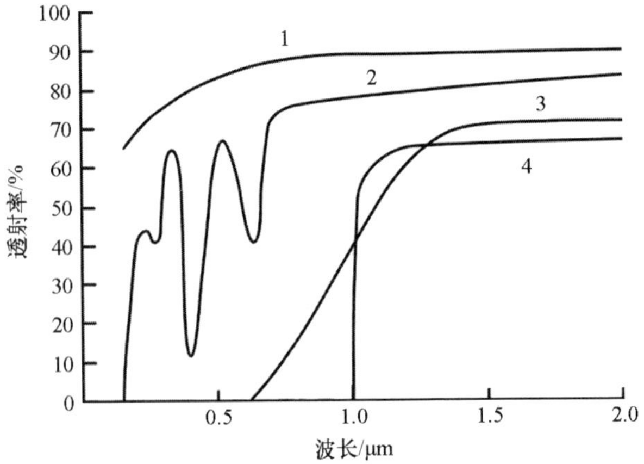

2. 石英晶体是一种广泛应用于红外光学系统的光学材料。假设波长为 2.8 μm、光强为 I_0 的光波入射到厚度为 5 mm 的石英晶体上，请计算出射光的强度。已知石英晶体对波长为 2.8 μm 的光波吸收系数为 0.05 cm^{-1}，折射率为 1.499 53。

3. 已知海水对可见光的吸收系数为 1.0 m^{-1}，人眼可感知的光强是太阳达到地面上的光强的 $1/10^{18}$，请计算人到达海里多少米深就无法感知到光亮。

4. 在中红外激光器中经常使用 CaF_2 作为输出窗口。已知 CaF_2 对 1.39 μm、2.4 μm、3.7 μm 波长的光波折射率分别为 1.426 75、1.421 47、1.414 67。

（1）求出 CaF_2 的色散曲线系数。

（2）计算 HF 化学激光双谱线（2.832 5 μm，2.795 9 μm）在 CaF_2 中传输时的相速度和双谱线构成的波包群速度。

5. 请从散射的角度分析朝霞、晚霞呈现红色的原因。

6. 下图是在月球上拍摄的地球照片。解释为什么在月球上拍摄

地球照片中，地球背景为黑色。

7. 光波被颗粒散射时，为什么在垂直光波入射方向的散射光为线偏振光，在与入射光方向有夹角的散射光为部分偏振光？散射光的偏振特性与入射光方向相关联的这一性质可以有什么应用？

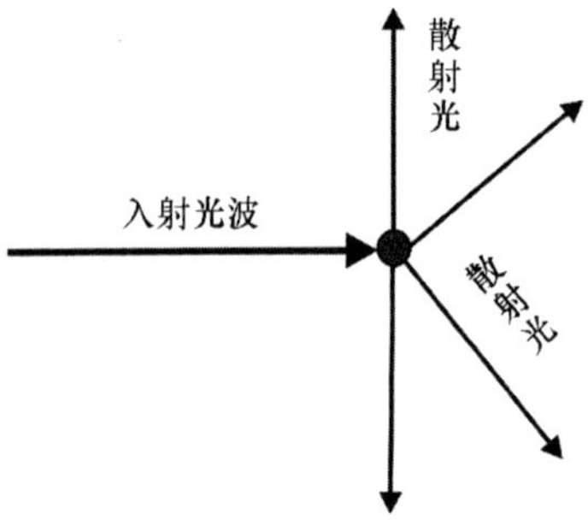

8. 在光纤通信等领域通常采用分贝（dB）定义光在光纤传输中的光功率衰减或损耗，$A_{dB}=10\lg\frac{P_{in}}{P_{out}}$，单位长度光功率的衰减为 $\alpha_{dB}=\frac{A_{dB}}{L}=\frac{1}{L}10\lg\left(\frac{P_{in}}{P_{out}}\right)$。假设光在光纤传输中的损耗主要是吸收，证明朗伯吸收定律 $I=I_0e^{-\alpha L}$中的吸收系数 α 满足

$$\alpha_{dB}=4.343\alpha$$

解答

1. **解**：(1) 从图中可知，硫化砷和硫化镉为不透明材料，适用于中红外波段。

(2) 从图上判读，近 1 mm 厚的蓝宝石对 500 nm 附近光波的透射率约为 85%。

由光强随传输距离的变化公式

$$I = I_0 e^{-\alpha x}$$

可求得吸收系数为

$$\alpha = -\ln 0.85 = 0.162\ 5\ \text{mm}^{-1} = 1.625\ \text{cm}^{-1}$$

2. **解**：首先考虑光波在石英晶体前后反射面后的透射率，由菲涅耳公式可知，光强经第一界面的透射率为

$$T_s = \frac{n_2}{n_1}\left|\frac{2n_1}{n_1 + n_2}\right|^2 = 1.499\ 53 \times \left(\frac{2}{2.499\ 53}\right)^2 = 0.96$$

后表面的透射率与前表面的透射率相等。

由于材料吸收的光强透射率为

$$I = I_0 e^{-\alpha x} = e^{-0.05 \times 0.5} = 0.975 I_0$$

总的出射光强为

$$I_{总} = T_s T'_s I = T_s T'_s I_0 e^{-\alpha x} = 0.96 \times 0.96 \times 0.975 I_0 \approx 0.899 I_0$$

3. **解**：由 $I = I_0 e^{-\alpha x}$，当

$$\frac{I}{I_0} = 10^{-18}$$

时，人眼感觉不到太阳光。此时人在海里深度为

$$x=\frac{\ln(I/I_0)}{-\alpha}=\frac{\lg(I/I_0)}{-\alpha\lg e}=\frac{\lg(10^{-18})}{-1.0\times 0.4343}\ \text{m}\approx 41.4\ \text{m}$$

4. **解：**（1）将不同波长对应的折射率值代入柯西公式 $n=A+\frac{B}{\lambda^2}+\frac{C}{\lambda^4}$，构成一个线性方程组。解该线性方程组可以得到

$$A\approx 1.40824$$

$$B\approx 0.09662$$

$$C\approx -0.11758$$

（2）将 $\lambda_1=2.8325\ \mu\text{m}$ 和 $\lambda_2=2.7859\ \mu\text{m}$ 代入柯西公式，可求出对应的折射率分别为

$$n_1\approx 1.4185$$

$$n_2\approx 1.4187$$

相速度公式 $v_p=\frac{c}{n}$，可以求得相速度分别为

$$v_1=\frac{c}{n_1}=\frac{3\times 10^8}{1.4185}\approx 2.1149\times 10^8\ \text{m/s}$$

$$v_2=\frac{c}{n_2}=\frac{3\times 10^8}{1.4187}\approx 2.1146\times 10^8\ \text{m/s}$$

群速度为

$$\begin{aligned}v_g&=v_1\left(1+\frac{\lambda_1}{n_1}\frac{dn}{d\lambda}\right)\\&\approx 2.1149\times 10^8\ \text{m/s}\times\left(1+\frac{2.8325}{1.4185}\times\frac{1.4187-1.4185}{2.7959-2.8325}\right)\\&\approx 2.09\times 10^8\ \text{m/s}\end{aligned}$$

5. **答：** 早晨或傍晚，太阳光通过大气层，形成瑞利散射。瑞利散射作用下，直射光波长波成分多于短波成分，长波成分照射在云层上形成红色的朝霞、晚霞。

6. **答：** 太空是真空，在月球上拍摄的地球照片中，由于天空背景没有物质对太阳光形成散射，故拍摄的地球背景为无光黑色。

7. **解：** 入射光波的电场与介质的分子或原子作用，引起电子相对原子核振动，等效偶极子振动，偶极子振动产生辐射电磁波，即散射光波。而偶极子振动产生的辐射电磁波在其偶极子方向，即电场作用方向的电磁波为零，如下图所示。

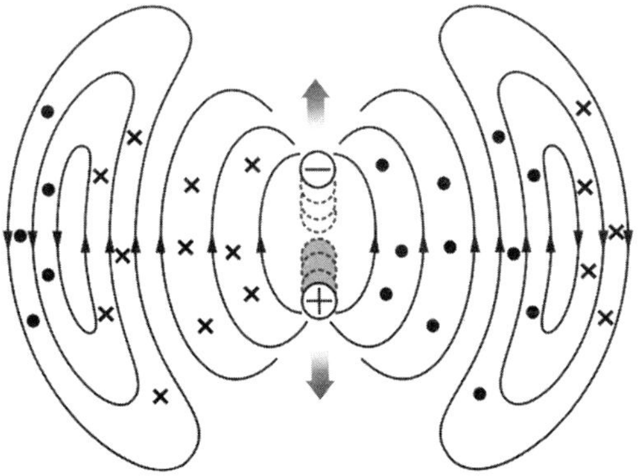

当入射光为偏振在垂直方向上的线偏振光时，瑞利散射光的偏振态仍为线偏振，如下图（a）所示，只是在偶极子的平行方向（坐标垂直轴方向）上的散射为零。当入射光偏振方向平行于水平面时，散射光为线偏振光。这时，在偶极子的平行方向（坐标水平轴方向）上的散射为零，如图（b）所示。瑞利散射的偏振态与入射光的偏振态有关。

当入射光为自然光时，光波分解为水平和垂直方向上两个偏振光的叠加。与介质中的微粒作用时，形成水平方向和垂直方向的两个偶极子振动，如图（c）所示。两个相互垂直的偶极子振动产生的散射光，为这两个偶极子产生的散射光波的叠加，其散射偏振状态分布如图（d）所示。瑞利散射光在垂直入射光方向上的平面上和水平面上的散射光为线偏振光，其他方向上的散射光为偏振度随观测方位变化的部分偏振光。

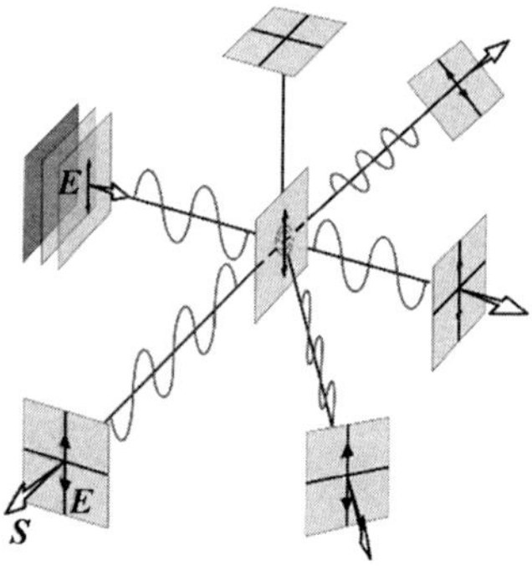

（a）入射光为垂直方向上的线偏振光时，瑞利散射光的偏振态示意图

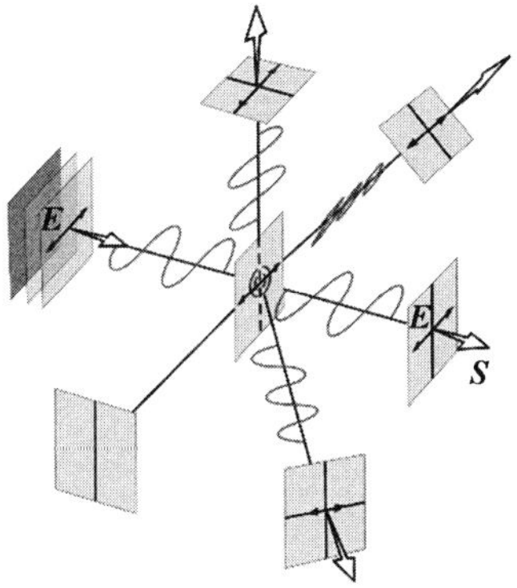

（b）入射光为水平方向上的线偏振光时，瑞利散射光的偏振态示意图

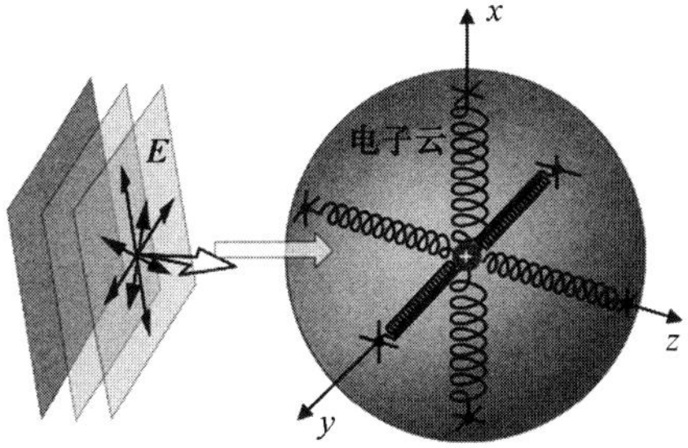

（c）入射光为自然光时，形成水平方向和垂直方向的两个偶极子振动

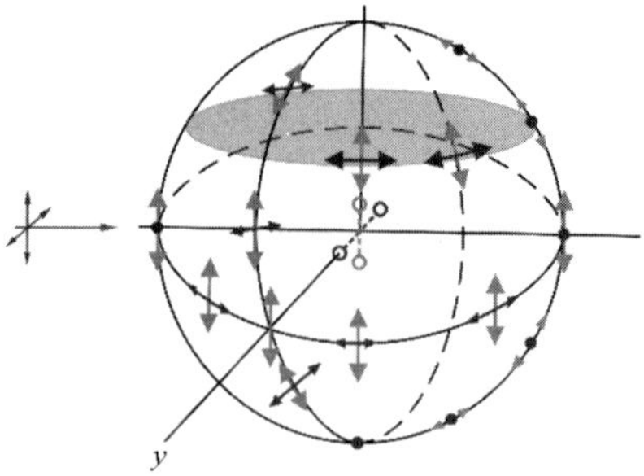

（d）两个相互垂直的偶极子振动产生的散射光的偏振状态分布

8. **解：** 朗伯吸收定律可以表示为功率吸收关系，即

$$P_{\text{out}} = P_{\text{in}} e^{-\alpha L}$$

吸收系数为

$$\alpha = \frac{1}{L}\ln\frac{P_{\text{in}}}{P_{\text{out}}} = \frac{1}{L}\frac{\lg\frac{P_{\text{in}}}{P_{\text{out}}}}{\lg e} \approx \frac{1}{0.434\ 3}\left(\frac{1}{L}\lg\frac{P_{\text{in}}}{P_{\text{out}}}\right)$$

单位长度光功率的衰减系数 α_{dB} 为

$$\begin{aligned}\alpha_{\text{dB}} &= 10\,\frac{1}{L}\lg\frac{P_{\text{in}}}{P_{\text{out}}}\\ &= 10\times 0.434\ 3\times\left(\frac{1}{0.434\ 3}\frac{1}{L}\lg\frac{P_{\text{in}}}{P_{\text{out}}}\right)\\ &= 4.343\alpha\end{aligned}$$